中等职业学校职业技能训练用书

Windows Server
配置与管理职业技能训练

主　编　刘炎火

参　编　林毓馨　苏永忠

　　　　许文伟　何谋生

U0234474

北京理工大学出版社
BEIJING INSTITUTE OF TECHNOLOGY PRESS

内容提要

本书根据中等职业学校人才培养要求，突出"实践性、实用性、创新性"新形态教材特征，结合编者多年的教学和工程经验，基于工作过程需求，嵌入"一学二练三优化"职教模式精心编写。本书是以党的二十大为指导思想，落实立德树人根本任务，以理论够用、实用为主的原则精心编写的中等职业学校计算机类职业技能训练教材。全书共有 3 个单元，内容涵盖 Windows Server 安装与基础配置、Windows Server 域安装与部署、Windows Server 常用服务部署。

本书既可作为职业院校计算机类专业的教材，亦可供网络技术人员参考。

本书配有电子课件、测试答案，选用本书作为教材的教师可以登录北京理工大学出版社教育服务网（edu.bitpress.com.cn）免费下载或联系编辑咨询。

图书在版编目（CIP）数据

Windows Server 配置与管理职业技能训练 / 刘炎火主编 .-- 北京：北京理工大学出版社，2023.8
ISBN 978-7-5763-2320-7

Ⅰ.①W… Ⅱ.①刘… Ⅲ.① Windows 操作系统 – 网络服务器 – 高等职业教育 – 教材 Ⅳ.① TP316.86

中国国家版本馆 CIP 数据核字（2023）第 073126 号

出版发行 / 北京理工大学出版社有限责任公司	
社　　址 / 北京市海淀区中关村南大街 5 号	
邮　　编 / 100081	
电　　话 / （010）68914775（总编室）	
（010）82562903（教材售后服务热线）	
（010）68944723（其他图书服务热线）	
网　　址 / http：//www.bitpress.com.cn	
经　　销 / 全国各地新华书店	
印　　刷 / 定州市新华印刷有限公司	
开　　本 / 787 毫米×1092 毫米　1/16	
印　　张 / 9	责任编辑 / 钟　博
字　　数 / 200 千字	文案编辑 / 钟　博
版　　次 / 2023 年 8 月第 1 版　2023 年 8 月第 1 次印刷	责任校对 / 刘亚男
定　　价 / 36.00 元	责任印制 / 李志强

图书出现印装质量问题，请拨打售后服务热线，本社负责调换

前言

PREFACE

本书以党的二十大为指导思想，立足"两个大局"和第二个百年奋斗目标，锚定社会主义现代化强国建设目标任务，坚持质量为先，坚持目标导向、问题导向、效果导向的原则；落实《国家职业教育改革实施方案》《中华人民共和国职业教育法》《关于推动现代职业教育高质量发展的意见》等精神要求，依照《专业教学标准》，遵循操作性、适用性、适应性原则精心组织编写。本书坚持以立德树人为根本任务，秉持为党育人，为国育才的理念，以学生为中心，以工作任务为载体，以职业能力培养为目标，通过典型工作任务分析，构建新型理实一体化课程体系。本书按照工作过程和学习者认知规律设计教学单元、安排教学活动，实现理论与实践统一、专业学习和工作实践学做合一、能力培养与岗位要求对接合一。本书引用贴近学生生活和实际职业场景的实践任务，采用"一学二练三优化"职教模式，使学生在实践中积累知识、经验和提升技能，达成课程目标，增强现代网络安全意识，提高应用网络能力，开发网络思维，提高数字化学习与创新能力，树立正确的社会主义价值观和责任感，培养符合时代要求的信息素养，培育适应职业发展需要的信息能力。

本书共有 3 个单元，内容涵盖 Windows Server 安装与基础配置、Windows Server 域安装与部署和 Windows Server 常用服务部署。每个单元设有导读、学习目标、内容梳理、知识概要、应知应会、典型例题、知识测评等环节。

本书由刘炎火担任主编，参加编写的还有林毓馨、苏永忠、许文伟、何谋生。其中，

PREFACE

刘炎火编写了单元 1，林毓馨编写了单元 2，苏永忠编写了单元 3，许文伟、何谋生参与资料整理工作。刘炎火负责全书的设计，内容的修改、审定、统稿和完善等工作，全书由刘炎火负责最终审核。

由于编者水平有限，不足之处在所难免，敬请专家、读者批评指正。

编　者

目录
CONTENTS

单元1

Windows Server
安装与基础配置

导读

　　Windows Server 2008 R2 是微软公司研发的服务器操作系统，于 2009 年 10 月 22 日正式发布，它基于 NT6.1 内核版本，代号为 Server 7。Windows Server 2008 R2 继续提升了虚拟化、系统管理功能，并强化了 PowerShell 对各个服务器角色的管理指令。Windows Server 2008 R2 是第一个只提供 64 位版本的服务器操作系统。Windows Server 2008 R2 的 7 个版本中有 3 个是核心版本，还有 4 个是特定用途版本。核心版本包含标准版、企业版和基础版，特定用途版本包含数据中心版、Web 版、HPC 版和安腾版。本单元基于 VMware Workstation 讲述 Windows Server 2008 R2 的安装与基础配置。

1.1 Windows Server 2008 R2 安装

学习目标

● 熟练应用 VMware Workstation 安装虚拟机。

● 掌握虚拟机的网络连接部署策略。

● 掌握 LAN 区段网络连接的特性。

● 熟练掌握 Windows Server 2008 R2 的安装。

● 掌握 Windows Server 2008 R2 的主机名、IP 地址配置。

● 了解 Windows Server 2008 R2 的防火墙高级安全设置。

内容梳理

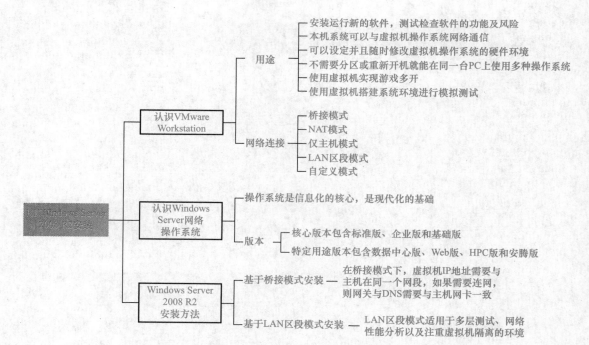

知识概要

Windows Server 2008 R2 数据中心版是一个专为在小型和大型服务器上部署关键业务应用和大型虚拟化设计的企业级平台。该版本提供了建立企业级虚拟化及可扩展业务解决方案的基础。本单元的实践环境基于 VMware Workstation 16 pro，因此先了解 VMware Workstation 16 pro。

1. 认识 VMware Workstation

VMware Workstation（"威睿"工作站）是一款功能强大的桌面虚拟计算机软件，它使用户可在单一的桌面上同时运行不同的操作系统，如 Windows、DOS、Linux、Mac 系统。利用 VMware Workstation 还可以开发、测试、部署新的应用程序，可以在一部实体机器上模拟完整的网络环境。对于企业的 IT 开发人员和系统管理员而言，VMware Workstation 具有虚拟网络、实时快照、拖曳共享文件夹、支持 PXE 等方面的特点，这使它成为必不可少的工具。为了更好地学习 VMware Workstation，本书选择 VMware Workstation 16 pro 作为实验版本。

1）VMware Workstation 16 pro 的用途

VMware Workstation 16 pro 是一款全球著名的虚拟化软件，通过它可以安装虚拟机，可以在现有的操作系统中虚拟出一个新的硬件环境，相当于模拟出一台新的 PC，以此实现在一台机器上真正同时运行两个独立的操作系统。VMware Workstation 16 pro 的用途主要有以下几点。

（1）安装运行新的软件，测试检查软件的功能及风险。

（2）本机系统可以与虚拟机操作系统网络通信。

（3）可以设定并且随时修改虚拟机操作系统的硬件环境。

（4）不需要分区或重新开机就能在同一台 PC 上使用多种操作系统。

（5）使用虚拟机实现游戏多开。

（6）使用虚拟机搭建系统环境进行模拟测试。

2）使用 VMware Workstation 16 pro 部署虚拟机

VMware Workstation 软件的安装和其他软件的安装没什么区别，因此对于其安装过程不再赘述。下面介绍 VMware Workstation 16 pro（以下简称 VMware Workstation）的完整使用过程，即建立一个新的虚拟机和设置虚拟机参数。主要步骤如下。

STEP 1：选择操作系统版本，如图 1-1-1 所示。

STEP 2：设置虚拟机名称并

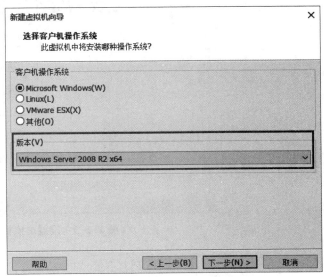

图 1-1-1　选择操作系统版本

选择虚拟机存储位置（存储位置可以先设置为默认位置），如图 1-1-2 所示。

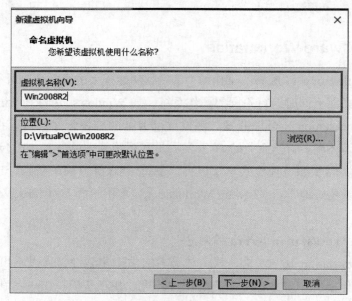

图 1-1-2　设置虚拟机名称并选择虚拟机存储位置

STEP 3：参数设置是使用 VMware Workstation 部署虚拟机的最重要的知识点。主要设置内容包括：内存、处理器、使用 ISO 映像文件、网络适配器（网卡）等，设置之后就完成了虚拟机部署，如图 1-1-3 所示。

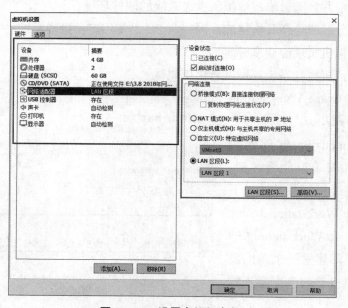

图 1-1-3　设置虚拟机参数

3）虚拟机网络连接方法

VMware Workstation 提供了桥接模式、NAT（网络地址转换）模式、仅主机模式、自定义模式和 LAN 区段模式 5 种模式配置虚拟网络连接。VMware Workstation 中的虚拟网络连接组件包括虚拟交换机、虚拟网络适配器、虚拟 DHCP 服务器和 NAT 设备。与物理交换机相似，虚拟交换机也能将网络连接组件连接在一起。虚拟交换机又称为虚拟网络，其名称为 VMnet0、VMnet1、VMnet2 等，有少量虚拟交换机会默认映射到特定网络，例如桥接模式的虚拟交换机名称为 VMnet0，NAT 模式的虚拟交换机名称为 VMnet8，仅主机模式的虚拟交换机名称为 VMnet1。在安装 VMware Workstation 时，已在主机操作系统中安装了用于所有网络连接配置的软件。如图 1-1-3 所示可以明确发现"网络连接"区域有 5 个选项。

（1）桥接模式。

通过桥接模式进行网络连接，虚拟机中的虚拟网络适配器可连接到主机操作系统中的物理网络适配器。虚拟机可通过主机网络适配器连接到主机操作系统所用的 LAN。桥接模式是最常见的虚拟机网络连接模式，该模式支持有线和无线主机网络适配器。桥接模式示意如图 1-1-4 所示。

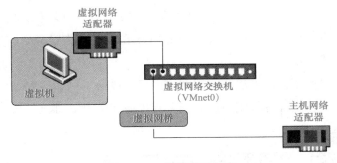

图 1-1-4　桥接模式示意

（2）NAT 模式。

使用 NAT 模式时，虚拟机在外部网络中不必具有自己的 IP 地址。主机操作系统中会建立单独的专用网络。在默认设置中，虚拟机会在此专用网络中通过 DHCP 服务器获取 IP 地址。NAT 模式示意如图 1-1-5 所示。

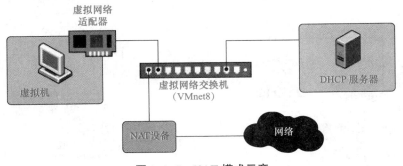

图 1-1-5　NAT 模式示意

（3）仅主机模式。

使用仅主机模式，虚拟机和主机操作系统之间的网络连接由对主机操作系统可见的虚拟网络适配器提供。虚拟 DHCP 服务器可在仅主机模式网络中提供 IP 地址。仅主机模式示意如图 1-1-6 所示。

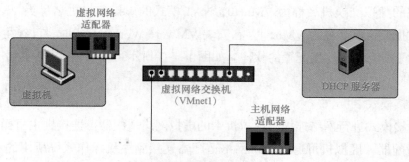

图 1-1-6 仅主机模式示意

（4）LAN 区段模式。

LAN 区段是一个由其他虚拟机共享的专用网络。LAN 区段模式适用于多层测试、网络性能分析以及注重虚拟机隔离的环境。LAN 区段模式在网络安全测试中有独到的优势。

（5）自定义模式。

自定义模式可以使用很多方法在虚拟网络中组合设备。例如，Web 服务器通过防火墙连接到外部网络，管理员计算机则通过另一个防火墙连接 Web 服务器，如图 1-1-7 所示。

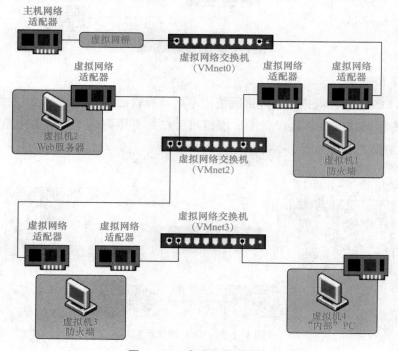

图 1-1-7 自定义模式示意

本单元选择桥接模式或 LAN 区段模式创建网络连接。

2. 认识 Windows Server 网络操作系统

习近平同志指出：没有信息化，就没有现代化。信息化的基础是网络，网络的基础是网络操作系统。网络操作系统主要是指运行在各种服务器上，能够控制和管理网络资源的特殊系统，它是网络的心脏和灵魂。网络操作系统可实现操作系统的所有功能，还具有向网络计算机提供网络通信和网络资源共享的功能，并且能够为网络用户提供各种网络服务。目前主要的网络操作系统有 UNIX、Linux、Windows Server 网络操作系统等。本单元侧重讲述 Windows Server 2008 R2。

Windows Server 是微软公司重要的研发产品，其主要产品系列如表 1-1-1 所示。

表 1-1-1　Windows Server 主要产品系列

版本	代号	内核版本号	发行日期
Windows 2000 Server	NT5.0 Server	NT5.0	2000 年 2 月 17 日
Windows Server 2003	Whistler Server，NET Server	NT5.2	2003 年 4 月 24 日
Windows Server 2003 R2	Realease2	NT5.2	2005 年 12 月 6 日
Windows Server 2008	Longhorn Server	NT6.0	2005 年 2 月 27 日
Windows Server 2008 R2	Server 7	NT6.1	2009 年 10 月 22 日
Windows Server 2012	Server 8	NT6.2	2012 年 9 月 4 日
Windows Server 2012 R2	Server Blue	NT6.3	2013 年 10 月 17 日
Windows Server 2016	Threshold Server，Redstone Serve	NT10.0	2016 年 10 月 13 日
Windows Server 2019	Redstone Server	NT10.0	2018 年 11 月 13 日
Windows Server 2022	Sun Vallery Server	NT10.0	2021 年 11 月 5 日

应知应会

Windows Server 2008 R2 是一款服务器操作系统，它提升了虚拟化、系统管理功能，并扩大了在信息安全等领域的应用。它相较早期版本新增了 Hyper-V 加入动态迁移功能，强化了 PowerShell 对各个服务器角色的管理指令，是第一个只提供 64 位版本的服务器操作系统。

Windows Server 2008 R2 对系统安装有新的要求，其最低硬件要求如表 1-1-2 所示。

从硬件要求可以发现，当下的设备都支持 Windows Server 2008 R2 的安装，在 VMware Workstation 平台上进行安装更没有问题。接下来通过两个实例讲解基于 VMware Workstation 平台的 Windows Server 2008 R2 的安装。

表 1-1-2　Windows Server 2008 R2 最低硬件要求

硬件	要求
处理器	最低：1.4 GHz（x64 处理器） 注意：Windows Server 2008 for Itanium-Based Systems 版本需要 Intel Itanium 2 处理器。
内存	最低：512 MB RAM 最大：8 GB（基础版）或 32 GB（标准版）或 2 TB（企业版、数据中心版及 Itanium-Based Systems 版）
可用磁盘空间	最低：32 GB 或以上 基础版：10 GB 或以上 注意：配备 16 GB 以上 RAM 的计算机将需要更大的磁盘空间，以进行分页处理、休眠及转储文件
显示器	超级 VGA（800×600）或更高分辨率的显示器
其他	DVD 驱动器、键盘和微软鼠标（或兼容的指针设备）、Internet 访问（可能需要付费）

【例 1-1-1】对基于图 1-1-4 所示拓扑结构和表 1-1-3 所示设备信息的网络，请按照以下要求完成 Windows Server 2008 R2 的安装部署。

（1）在 VMware Workstation 平台上完成企业版 Windows Server 2008 R2 的安装。

（2）在主机上部署环回接口网络适配器（即网卡），设置网络连接为桥接模式。

（3）选择双 CPU，将内存设置为 4 GB，硬盘大小为 60 GB。

（4）主机通过远程桌面打开虚拟机。

（5）将系统口令设置为"Pass1234"。

【设备信息】

表 1-1-3　设备端口连接

设备名称	端口	IP 地址	备注
虚拟机（Win2008R2）	虚拟机网络适配器（NIC）	10.1.1.100/24	——
主机	环回接口网络适配器（NIC）	10.1.1.1/24	需要安装之前部署完毕

【部署过程】

STEP 1: 在 VMware Workstation 平台上正确设置参数，如图 1-1-8 所示。

STEP 2: 进入 Windows Server 2008 R2 安装进程，正确选择版本，如图 1-1-9 所示。

STEP 3: 完成 Windows Server 2008 R2 的安装，正确设置口令，如图 1-1-10 所示。

STEP 4: 按要求修改主机名，配置静态 IP 地址，开启远程桌面，如图 1-1-11 所示。

STEP 5: 主机通过执行 MSTSC，开启远程桌面，如图 1-1-12 所示。

图 1-1-8 在 VMware Workstation 平台上进行 Windows Server 2008 R2 参数设置

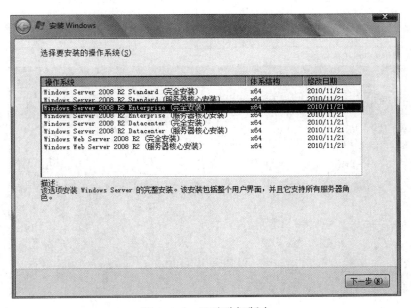

图 1-1-9 正确选择版本

图 1-1-10　正确设置口令

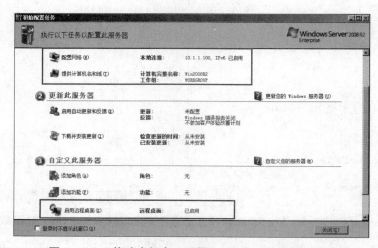

图 1-1-11　修改主机名，配置 IP 地址，开启远程桌面

图 1-1-12　远程桌面

　　桥接模式就是使主机网卡与虚拟机网卡利用虚拟网桥进行通信。在桥接模式下，类似把主机虚拟为一个交换机，所有桥接设置的虚拟机连接到这个交换机的一个接口上，物理主机也同样插在这个交换机中，因此所有网卡都是交换模式的，可以互相访问而不发生干扰。在桥接模式下，虚拟机 IP 地址需要与主机在同一个网段中，如果需要连网，则网关与 DNS 需要与主机网卡一致。

　　为了适用于多层测试、网络性能分析以及注重虚拟机隔离的环境，接下来通过实例讲述 LAN 区段模式。

　　【例 1-1-2】　对基于图 1-1-13 所示拓扑结构和表 1-1-4 所示设备信息的网络，请按照以下要求完成 Windows Server 2008 R2 的安装部署。

　　（1）在 VMware Workstation 平台上完成数据中心版 Windows Server 2008 R2 的安装。

　　（2）设置网络连接为 LAN 区段模式，区段名称为 "LAN 区段 1"。

　　（3）每台虚拟机的 CUP 数为 2 个，将内存设置为 4 GB，硬盘大小为 60 GB。

　　（4）将系统口令设置为 "Pass1234"。

　　（5）测试虚拟机之间的连通性。

图 1-1-13　基于 LAN 区段模式的虚拟机部署

【设备信息】

表 1-1-4　设备端口连接

设备名称	端口	IP 地址	备注
虚拟机 1（Win2008S1）	虚拟机网络适配器（NIC）	10.1.1.100/24	需要先创建 LAN 区段，区段名称为 "LAN 区段 1"
虚拟机 2（Win2008S2）	虚拟机网络适配器（NIC）	10.1.1.200/24	

【部署过程】

　　STEP 1：在 VMware Workstation 平台上正确设置参数，如图 1-1-14 所示。

　　STEP 2：完成虚拟机 Win2008S1 和 Win2008S2 的安装，选择版本为 Datacenter 版，如图 1-1-15 所示。

　　STEP 3：修改主机名，配置 IP 地址，如图 1-1-16 和图 1-1-17 所示。

　　STEP 4：在 "高级安全 Windows 防火墙" 界面的 "入站规则" 选项卡中，启用 "文件和打印机共享（回显请求 –ICMPv4-In）"。两台虚拟机配置相同，如图 1-1-18 所示。

图 1-1-14　虚拟机 LAN 区段设置

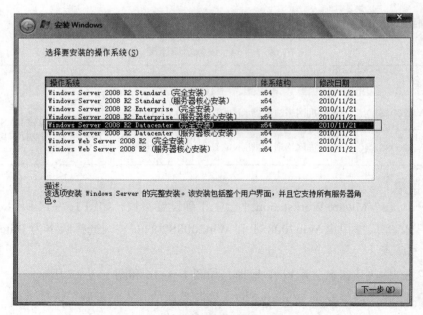

图 1-1-15　选择数据中心版

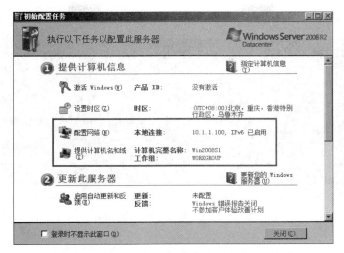

图 1-1-16　Win2008S1 修改主机名及 IP 地址

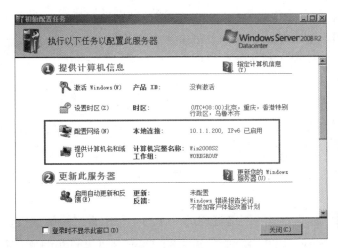

图 1-1-17　Win2008S2 修改主机名及 IP 地址

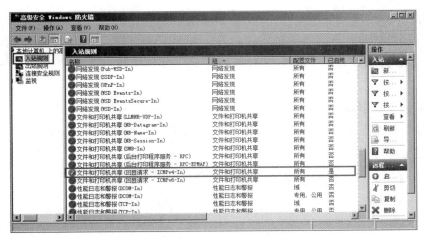

图 1-1-18　开启 ICMPv4 功能

STEP 5：进行 ICMPv4 功能测试，如图 1-1-19 所示。

图 1-1-19　ICMPv4 功能测试

【案例 1-1-1】　在 VMware Workstation 平台上安装 Windows Server 2008 R2，网络连接选择桥接模式，请问默认交换机名称是什么？（　　）

A．VMnet0　　　　　　　　　　　B．VMnet1

C．VMnet2　　　　　　　　　　　D．VMnet8

【解析】虚拟交换机又称为虚拟网络，其名称为 VMnet0、VMnet1、VMnet2 等，有少量虚拟交换机会默认映射到特定网络，例如桥接模式的虚拟交换机名称为 VMnet0，NAT模式的虚拟交换机名称为 VMnet8，仅主机模式的虚拟交换机名称为 VMnet1。

【答案】A

【案例 1-1-2】　你是公司的网络管理员，你的工作职责之一就是负责维护文件服务器。你想审核 Windows Server 2008 R2 服务器上的共享 Word 文件被删除的情况，需要启动审核策略的（　　）。

A．审核过程跟踪　　　　　　　　B．审核策略更改

C．审核对象访问　　　　　　　　D．审核登录事件

【解析】若要审核访问全局系统对象的尝试，可以使用以下两个安全审核策略设置之一。

（1）"高级安全审核策略设置"→"对象访问"→"审核内核对象"。

（2）"安全设置"→"本地策略"→"审核策略"→"审核对象访问"。

【答案】C

【案例 1-1-3】　Windows 操作系统的目录结构采用的是（　　）。

A．层次结构　　　　　　　　　　B．网状结

C．线形结构　　　　　　　　　　D．树形结构

【解析】Windows 操作系统的目录结构采用的是树形结构。在 Windows 操作系统中，

每个逻辑盘中都有一个根目录，每个目录下包括若干个文件夹以及若干个文件；每个文件或每个文件夹只有一个上级目录，因此有唯一的路径。树形结构指的是数据元素之间存在着"一对多"的树形关系的数据结构，它是一类重要的非线性数据结构。在树形结构中，树根节点没有前驱节点，其余每个节点有且只有一个前驱节点。叶子节点没有后续节点，其余每个节点的后续节点数可以是一个，也可以是多个。

【答案】D

知识测评

一、选择题

1. 在 NTFS 文件系统中，文件夹的标准权限不包括（　　）。

A. 执行　　　　　　　　　　B. 读取

C. 写入　　　　　　　　　　D. 完全控制

2. 在微软公司的 Windows 操作系统中，下面哪个是桌面 PC 操作系统？（　　）

A. Windows NT Server　　　　B. Windows 2000 Server

C. Windows Server 2008 R2　　D. Windows 11

3. 下列哪一项策略可以用来约束密码的长度不小于 7 个字符？（　　）

A. 密码最短存留期　　　　　B. 密码长度最小值

C. 强制密码历史　　　　　　D. 密码必须符合复杂性要求

4. 在 Windows 的命令行下输入"telnet 10.1.1.1"，希望 telnet 到交换机进行远程管理，请问该数据的源端口号和目的端口号可能为（　　）。

A. 1025，25　　　　　　　　B. 1024，23

C. 231，022　　　　　　　　D. 211，025

5. 下列哪个方案由于受 HTTP 头信息长度的限制，仅能存储小部分的用户信息？（　　）

A. 基于 Cookie 的 Session 共享　　B. 基于数据库的 Session 共享

C. 基于 Mem Cache 的 Session 共享　D. 基于 Web 的 Session 共享

二、填空题

1. Windows Server 2008 R2 企业版的用途为＿＿＿＿＿＿＿＿＿。

2. 目前主流的网络操作系统有 Windows、＿＿＿＿＿＿＿、＿＿＿＿＿＿＿。

3. 操作系统的三个作用分别是向用户提供各种服务，扩展硬件和＿＿＿＿＿＿＿。

4. 使用＿＿＿＿＿＿＿命令可以将 FAT 分区转换为 NTFS 分区。

5. 在 MBR 分区格式中，基本磁盘最多有个＿＿＿＿＿＿＿主分区。

三、判断题

1. 封装性、隔离性、兼容性、独立于硬件是虚拟机的优势。　　　　　（　　）

2. Windows Server 2008 R2 的数据中心版是核心版本。　　　　　（　　）

3. 在 VMware Workstation 中，网络连接选择桥接模式，可以自动获得 IP 地址。（　　）

4. SUS 不仅可以用于 Windows 的关键更新，还可以用于 Office 更新。　　（　　）

5. Windows Server 2008 R2 终端服务远程管理模式只允许两个并发连接，且不可使用同一个账号。　　　　　　　　　　　　　　　　　　　　　　　　　　　　　　（　　）

四、简答题

1. VMware Workstation 的虚拟机性能与裸机服务器的性能相同吗？

2. 简述数据备份的 3 种方法。

五、操作题

对基于图 1-1-20 所示拓扑结构和表 1-1-5 所示设备信息的网络，在例 1-1-2 的基础上安装 LAN 区段 2 的虚拟机 3，测试其与虚拟机 1 的连通性，并按照以下要求完成 Windows Server 2008 R2 的部署。

（1）在 VMware Workstation 平台上完成数据中心系统的安装。

（2）设置网络连接为 LAN 区段，区段名称为"LAN 区段 2"。

（3）虚拟机配置单 CUP，每个处理器内核数量为 2 个，将内存设置为 4 GB，硬盘大小为 40 GB。

（4）将系统口令设置为"Pass1234"。

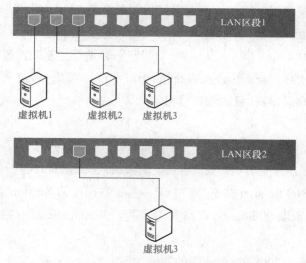

图 1-1-20　基于 LAN 区段 2 的虚拟机部署

【设备信息】

表 1-1-5　设备端口连接

设备名称	端口	IP 地址	备注
虚拟机 3（Win2008S3）	虚拟机网络适配器（NIC）	10.1.1.130/24	需要先创建 LAN 区段，区段名称为"LAN 区段 2"

1.2 Windows Server 常用 Shell 命令入门

学习目标

● 掌握 Windows Server 2008 R2 服务器核心的安装。

● 掌握 Windows Server 2008 R2 的 Shell 基础命令配置方法。

● 掌握用 Shell 命令安装、设置 DHCP 服务器的方法。

● 掌握用 Shell 命令设置 Windows Server 防火墙的方法。

内容梳理

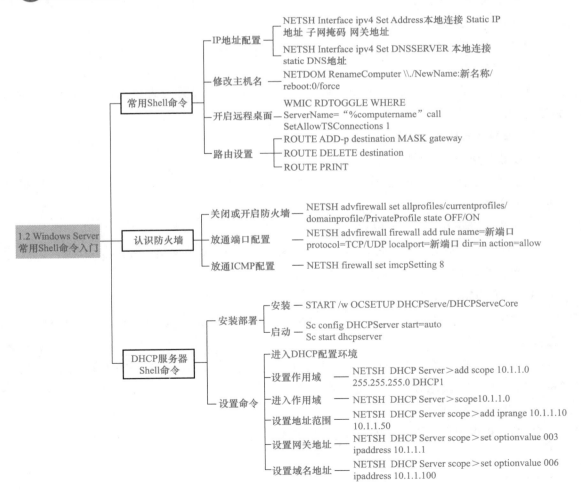

知识概要

基于鼠标操作的结果就是操作系统界面外观发生改变，从而增加了学习成本。更重要的是，基于界面引导 Path 与命令行直达的速度是难以比拟的。另外，Geek（极客）[①] 多热衷于使用键盘操作，较少使用鼠标操作。整理 Windows 的常用 Shell 命令，一方面可以帮助读者深入学习 Windows 核心知识，另一方面有助于读者过渡到 Linux 知识的学习。

1. 常用 Shell 命令

大多数默认的 Shell 命令的对应目标程序多位于 C：/Windows/ 及 C：/Windows/System32 目录下。用户可以自行编写 bat 批处理 Shell 命令，然后保存为".bat"格式文件，批量执行。接下来，介绍常用 Shell 命令。

1）修改计算机名称

（1）基于工作组命令格式：

NETDOM RenameComputer\\./NewName: 新名称 /reboot:0/force

（2）基于 Domain 命令格式：

NETDOM RenameComputer\\./Newname: 新名称 /UserD:Administrator/PasswordD: 系统密码 /reboot:0/force

参数："\\."替代"%computename%"，"/reboot：0"表示立即重启，"/force"表示强制重启。

2）设置计算机 IP 地址

（1）设置静态 IP 地址格式：

NETSH Interface ipv4 Set Address 本地连接 Static IP 地址 子网掩码 网关地址

（2）设置动态获取 IP 地址格式：

NETSH Interface ipv4 Set Address Name= 本地连接 Source=DHCP

参数："本地连接"表示网络适配器名称。

3）设置 DNS 地址

NETSH Interface ipv4 Set DNSSERVER 本地连接 static DNS 地址 primary no

参数："本地连接"表示网络适配器名称，"primary"表示仅在主 DNS 后缀下注册，"no"表示不执行 DNS 服务器设置的验证。

4）启动远程桌面

启动远程桌面命令格式（必须在 CMD 模式下执行）：

[①] 极客是指对计算机和网络技术有狂热兴趣并投入大量时间钻研的人。

```
WMIC RDTOGGLE WHERE ServerName="%computername%" call
SetAllowTSConnections 1
```

5）路由协议命令格式

（1）添加路由命令格式：

```
ROUTE ADD -p destination MASK gateway
```

（2）移除路由命令格式：

```
ROUTE DELETE destination
```

（3）查看路由命令格式：

```
ROUTE PRINT
```

参数："-p"表示永久路由，"destination"表示目标网络，"MASK"表示子网掩码，"gateway"表示网关地址。

6）常见的查看命令

查看已经安装的功能：oclist。

查看计算机信息：systeminfo。

查看计算机名称：hostname。

查看当前计算机端口使用情况：Netstat –na。

查看计算机的激活信息：slmgr.vbs –did。

2. Windows Server 防火墙常用命令

Windows 网络操作系统自带的软件防火墙，是协助确保 Windows Server 信息安全的技术，它会依照特定的规则，允许或限制数据包传输。对于浏览器、电子邮件等系统自带的网络应用程序，Windows 防火墙根本不会产生影响。也就是说，用 Internet Explorer、Outlook Express 等系统自带的程序进行网络连接，防火墙是默认不干预的。

（1）关闭全部防火墙命令：

```
NETSH advfirewall set allprofiles state off
```

（2）开启全部防火墙命令：

```
NETSH advfirewall set allprofiles state on
```

（3）当前网络设置防火墙关闭或开启命令：

```
NETSH advfirewall set currentprofiles state off/on
```

（4）域防火墙关闭或开启命令：

```
NETSH advfirewall set domainprofile state off/on
```

（5）专用网络防火墙关闭或开启命令：

```
NETSH advfirewall set PrivateProfile state off/on
```

（6）开启远程桌面命令：

方法 1，通过服务开启：

```
NETSH advfirewall firewall set rule group=" 远程桌面 " new enable=yes
```
方法 2，通过协议端口开启：

```
NETSH advfirewall firewall add rule name="allowRemoteDesktop"
protocol=TCP dir=in localport=3389 action=allow
```
（7）通过添加防火墙允许端口一般格式：

```
netsh advfirewall firewall add rule name= 新端口 protocol=TCP
localport= 新端口 dir=in action=allow
```

3. Windows Server DHCP 服务器命令

DHCP（Dynamic Host Configuration Protocol，动态主机配置协议）是由 Internet 工作组设计开发的，专门用于为 TCP/IP 网络中的计算机自动分配 TCP/IP 参数的协议。使用 Shell 命令容易实现部署，因此选择它作为学习部署 Windows 服务器的入门知识。

（1）安装 DHCP Server 命令格式（基于 CMD 模式执行）：

```
START /w OCSETUP DHCPServe
```
（2）基于 Sever Core 平台命令格式：

```
START /w OCSETUP DHCPServeCore
```
（3）启动 DHCP 服务器：

将启动模式设置为自动：

```
Sc config DHCPServer start=auto
```
启动 DHCP 服务：

```
Sc start DHCPServer
```
（4）进入 DHCP 服务器的配置模式

```
NETSH
NETSH>DHCP
NETSH DHCP>Server
NETSH DHCP Server>
```
（5）配置作用域：

```
NETSH DHCP Server>add scope 10.1.1.0 255.255.255.0 DHCP1
```
（6）进入作用域：

```
NETSH DHCP Server>scope 10.1.1.0
```
（7）添加可分配的 IP 地址范围：

```
NETSH DHCP Server scope>add iprange 10.1.1.10 10.1.1.50
```
（8）添加路由器地址（网关地址）：

```
NETSH DHCP Server scope>set optionvalue 003 ipaddress 10.1.1.1
```
（9）添加 DNS 服务器地址：

```
NETSH DHCP Server scope>set optionvalue 006 ipaddress 10.1.1.100
```

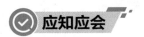 **应知应会**

Windows 的 Shell 命令即 Windows 的 CMD 命令。Windows 的 Shell 命令是基于配置好的 Path 环境变量，在 Path 路径中依次从前至后搜寻到对应命名的可执行入口。为了更好地理解和学习 Shell 命令，下面通过实例进行讲解。

【例 1-2-1】　对基于图 1-2-1 所示拓扑结构和表 1-2-1 所示设备信息的网络，请按照以下要求完成 Windows Server 2008 R2 的安装和 Shell 命令模式设置。

（1）在 VMware Workstation 平台上完成数据中心系统的安装。

（2）设置网络连接为桥接模式。

（3）为虚拟机设置单 CUP，每个处理器内核数量为 2 个，将内存设置为 4 GB，硬盘大小为 40 GB。

（4）通过 Shell 命令修改主机名为"Win11008C1"。

（5）通过命令正确设置 IP 地址。

（6）通过命令开启远程桌面，实现远程连接。

（7）将系统口令设置为"Pass1234"。

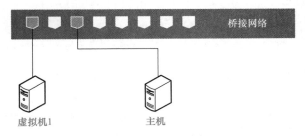

图 1-2-1　Shell 命令设置实例

【设备信息】

表 1-2-1　设备端口连接

设备名称	端口	IP 地址	备注
虚拟机 1 （Win2008C1）	虚拟机网络适配器 （NIC）	10.1.1.101/24	—
主机	环回接口网络适配器 （NIC）	10.1.1.1/24	已经配置完成

【配置信息】

STEP 1: 完成虚拟机 1 的安装，如图 1-2-2 所示。

STEP 2: 修改 IP 地址。

```
NETSH Interface ipv4 set address 本地连接 static 10.1.1.101
255.255.255.0
```

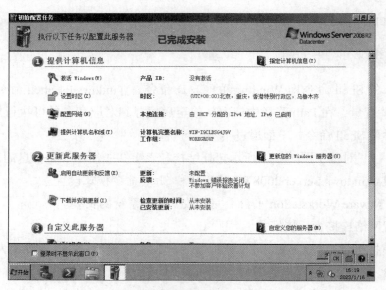

图 1-2-2 完成虚拟机 1 的安装

STEP 3: 修改主机名。

```
NETDOM RenameComputer\\./NewName: Win2008C1/reboot: 0/force
```

STEP 4: 开启远程桌面，并且防火墙放通 3389 端口。

\# 开启远程桌面

```
WMIC  ROTOGGLE  ServerName="%computername%"call
SetAllowTSConnections 1
```

\# 放通 3389 端口

```
NETSH advfirewall firewall add rule name="allowRemoteDesktop"
protocol=tcp dir=in localport=3389 action=allow
```

STEP 5: 在主机上开启远程桌面，如图 1-2-3 所示。

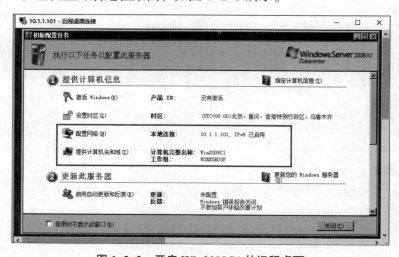

图 1-2-3 开启 Win2008C1 的远程桌面

为了进一步熟悉 Shell 命令，接下来安装一台命令模式的虚拟机 Win11008C2，并且使用 Shell 命令完成 DHCP 配置。

【例 1-2-2】　在例 1-2-1 的基础上添加一台虚拟机。对基于图 1-2-4 所示拓扑结构和表 1-2-2 所示设备信息的网络，请按照以下要求完成 Windows Server 2008 R2 的安装和 Shell 命令模式设置。

（1）在 VMware Workstation 平台上完成数据中心系统的安装（服务器核心安装）。

（2）设置网络连接为桥接模式。

（3）为虚拟机设置单 CUP，每个处理器内核数量为 2 个，将内存设置为 4 GB，硬盘大小为 40 GB。

（4）通过 Shell 命令修改主机名为 "Win11008C2"。

（5）通过 Shell 命令正确设置 IP 地址。

（6）通过 Shell 命令完成 DHCP 服务安全。

（7）通过 Shell 命令设置 DHCP 的 IP 地址范围为 10.1.1.10 ～ 10.1.1.50。

（8）通过 Shell 命令设置 DHCP 的路由器 IP 地址为 10.1.1.1。

（9）将系统口令设置为 "Pass1234"。

（10）对 Win2008C1 启用自动获取 IP 地址，查看结果。

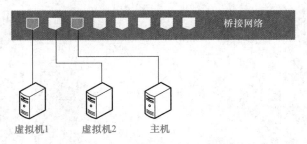

图 1-2-4　Shell 命令设置 DHCP 实例

【设备信息】

表 1-2-2　设备端口连接

设备名称	端口	IP 地址	备注
虚拟机 2（Win2008C1）	虚拟机网络适配器（NIC）	10.1.1.102/24	—

【配置信息】

STEP 1: 选择安装服务器核心，如图 1-2-5 所示。

STEP 2: 完成 Win2008C2 系统的安装，如图 1-2-6 所示。

STEP 3: 配置 IP 地址，修改主机名。

```
NETSH Interface ipv4 Set Address 本地连接 Static 10.1.1.102 255.255.255.0
NETDOM RENAMECOMPUTER \\. /newname: Win2008C2 /reboot: 0 /force
```

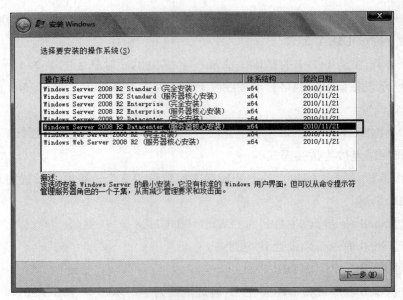

图 1-2-5　选择安装服务器核心

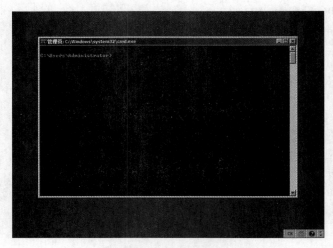

图 1-2-6　完成 Win2008C2 系统的安装

STEP 4: 配置 DHCP 服务器。

安装 DHCP 服务器

```
START /w OCSETUP DHCPServerCore
```

设置自动启动模式，注意，"=" 后要有一个空格

```
sc config  DHCPServer start= auto
```

启动 DHCP 服务器

```
sc start DHCPServer
```

进入 DHCP 服务器配置模式

```
NETSH
```

```
NETSH>DHCP
NETSH DHCP>Server
```
创建作用域
```
NETSH DHCP Server>add scope 10.1.1.0 255.255.255.0 DHCP1
```
进入新创建的作用域
```
NETSH DHCP Server>scope 10.1.1.0
```
为作用域配置 IP 地址块
```
NETSH DHCP Server scope>add iprange 10.1.1.10 10.1.1.50
```
配置网关地址
```
NETSH DHCP Server scope>set optionvalue 003 ipaddress 10.1.1.1
```

STEP 5: 对 Win2008C1 启用自动获取 IP 地址，如图 1-2-7 所示。

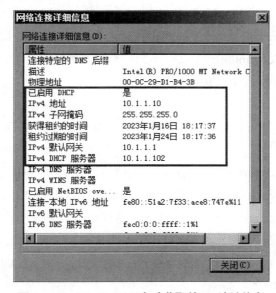

图 1-2-7　Win2008C1 自动获取的 IP 地址信息

【案例 1-2-1】　一台 Windows Server 2008 R2 计算机的 IP 地址为 192.168.1.100，缺省网关为 192.168.1.1。下面哪个命令用于在该计算机上添加一条去往 131.16.0.0 网段的静态路由？（　　）

   A.　ROUTE ADD 131.16.0.0 255.255.0.0 MASK 192.168.1.1

   B.　ROUTE ADD 131.16.0.0 MASK 255.255.0.0 192.168.1.1

   C.　ROUTE ADD 131.16.0.0 255.255.0.0 MASK 192.168.1.1

   D.　ROUTE ADD 131.16.0.0 MASK 255.255.0.0 interface 192.168.1.1

【解析】在 Windows 操作系统中手动设置路由，主要在 CMD 命令符下进行。在 Windows 操作系统中添加、删除、修改路由的基本命令格式如下：

ROUTE ADD|DELETE|CHANGE 目标 IP 地址 MASK 子网掩码 网关地址

【答案】B

【案例 1-2-2】 在 Windows Server 2008 R2 系统中，下列哪条命令可以关闭全部防火墙？（ ）

    A. NETSH advfirewall set allprofiles state off

    B. NETSH advfirewall set currentprofiles state off

    C. NETSH advfirewall set domainprofile state off

    D. NETSH advfirewall set PrivateProfile state off

【解析】关闭全部防火墙命令：NETSH advfirewall set allprofiles state off；开启全部防火墙命令：NETSH advfirewall set allprofiles state on；当前网络设置防火墙关闭或开启命令：NETSH advfirewall set currentprofiles state off/on；域防火墙关闭或开启命令：NETSH advfirewall set domainprofile state off/on；专用网络防火墙关闭或开启命令：NETSH advfirewall set PrivateProfile state off/on。

【答案】A

【案例 1-2-3】 在 Windows Server 2008 R2 系统中，下列哪条命令用于添加网关地址？（ ）

    A. NETSH DHCP Server>add scope 10.1.1.0 255.255.255.0 DHCP1

    B. NETSH DHCP Server scope>add iprange 10.1.1.10 10.1.1.50

    C. NETSH DHCP Server scope>set optionvalue 003 ipaddress 10.1.1.1

    D. NETSH DHCP Server scope>set optionvalue 006 ipaddress 10.1.1.100

【解析】配置作用域：NETSH DHCP Server>add scope 10.1.1.0 255.255.255.0 DHCP1；进入作用域：NETSH DHCP Server>scope 10.1.1.0；添加可分配的 IP 地址范围：NETSH DHCP Server scope>add iprange 10.1.1.10 10.1.1.50；添加路由器地址（网关地址）：NETSH DHCP Server scope>set optionvalue 003 ipaddress 10.1.1.1；添加 DNS 服务器地址：NETSH DHCP Server scope>set optionvalue 006 ipaddress 10.1.1.100。

【答案】C

知识测评

一、选择题

1. 使用下面何种管理工具对各种管理单元进行集中管理？（ ）

    A. 控制面板　　　　　　　　　　　　B. 添加 / 删除程序

    C. MMC　　　　　　　　　　　　　　D. 计算机管理

2. 防火墙的功能不包含下列哪个？（   ）

A. 防火墙能限制内部信息的泄露　　　B. 防火墙能强制安全策略

C. 防火墙能记录 Internet 活动　　　　D. 防火墙能防止病毒入侵

3. 你是一台 Windows Server 2008 R2 计算机的系统管理员，该计算机处于工作组中，现在你需要查看这台计算机的安全账户数据库文件，该文件的物理路径是（   ）。

A. %systemdrive%\system\config　　　B. %systemdrive%\system32\config

C. %systemroot%\system32\config　　　D. %systemroot%\system\config

4. 如果要限制用户过多地占用磁盘空间，应当（   ）。

A. 设置文件加密　　　　　　　　　B. 设置数据压缩

C. 设置动态存储　　　　　　　　　D. 设置磁盘配额

5. 将回收站中的文件还原时，被还原的文件将回到（   ）。

A. 我的文档　　　　　　　　　　　B. 内存中

C. 被删除的位置　　　　　　　　　D. 桌面上

二、填空题

1. 鼠标是 Windows 环境中的一种重要的＿＿＿＿＿＿＿＿＿＿设备。

2. 用户的需求如下：每周星期一需要正常备份，在一周的其他天内只希望备份从上一天到目前为止发生变化的文件和文件夹。他应该选择的备份类型为＿＿＿＿＿＿＿＿＿。

3. 操作系统是一种系统软件，是用户和＿＿＿＿＿＿＿＿＿的接口。

4. 操作系统启动之后，默认设置为客户端每隔 90 ～ 120 分钟重新应用组策略，如果想立即应用，可以输入命令＿＿＿＿＿＿＿＿＿。

5. RAID 5 又称为＿＿＿＿＿＿＿＿＿卷。

三、判断题

1. 如果 RAID-5 卷集有 5 个 10GB 盘，则需要 10 GB 存放奇偶性信息。　　（   ）

2. Windows Server 2008 R2 支持 ext2 文件系统。　　　　　　　　　　（   ）

3. 若 10.1.1.1 是一个可以 ping 通的 IP 地址，ping –t 10.1.1.1 表示会一致 ping 该地址。（   ）

4. 在 Windows Server 2008 R2 中，Web 服务的默认端口是 80，FTP 服务的默认端口是 20、21。　　　　　　　　　　　　　　　　　　　　　　　　　　　　（   ）

5. 可路由协议是 NetBEUI 的特点之一。　　　　　　　　　　　　　　（   ）

四、简答题

1. 简述 NTFS 文件系统的权限与基本规则。

2. NTFS 与 FAT 相比有哪些优点？

五、操作题

对基于图 1-2-8 所示拓扑结构和表 1-2-3 所示设备信息的网络，请按照以下要求完成 Windows Server 2008 R2 的安装和部署。

（1）在 VMware Workstation 平台上完成 3 台数据中心系统的安装。

（2）建立两个 LAN 区段，分别是 LAN 区段 1 和 LAN 区段 2。

（3）为所有虚拟机设置单 CUP，将内存设置为 4 GB，硬盘大小为 40 GB。

（4）虚拟机 RTR 两块网络适配器分别选择 LAN 区段 1 和 LAN 区段 2。

（5）将系统口令设置为"Pass1234"。

（6）使实现虚拟机 1 和虚拟机 2 互连互通。

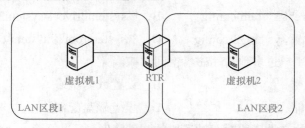

图 1-2-8　Windows 服务器跨区段连通性测试

【设备信息】

表 1-2-3　设备端口连接

设备名称	端口	IP 地址	网关地址
虚拟机 1（Win2008D1）	虚拟机网络适配器（NIC）	172.16.1.10/24	172.16.1.1
虚拟机 2（Win2008D2）	虚拟机网络适配器（NIC）	172.16.2.10/24	172.16.2.1
虚拟机（RTR）	NIC 1	172.16.1.1/24	—
	NIC 2	172.16.2.1/24	—

1.3　单元测试

一、选择题

1. 下列哪个是组织单元的缩写?(　　)

A. CN

B. OU

C. DC

D. LADP

2. 你是一台 Windows Server 2008 R2 计算机的系统管理员,你在一个 NTFS 分区上为一个文件夹设置了 NTFS 权限,当你把这个文件夹复制到本分区的另一个文件夹中时,该文件夹的 NTFS 权限是(　　)。

A. 继承目标文件夹的 NTFS 权限

B. 原有 NTFS 权限和目标文件的 NTFS 权限的集合

C. 保留原有 NTFS 权限

D. 没有 NTFS 权限设置,需要管理员重新分配

3. 你是一台 Windows Server 2008 R2 计算机的系统管理员,出于安全性的考虑,你希望使用这台计算机的用户账号在设置密码时不能重复前 5 次的密码,则应该采取的措施是(　　)。

A. 设置计算机本地安全策略中的密码策略,设置"强制密码历史"的值为 5

B. 设置计算机本地安全策略中的安全选项,设置"账户锁定时间"的值为 5

C. 设置计算机本地安全策略中的密码策略,设置"密码最长存留期"的值为 5

D. 制定一个行政规定,要求用户不得使用前 5 次的密码

4. 如果希望 Windows Server 2008 R2 计算机提供资源共享,必须安装(　　)。

A. 服务器

B. 网络服务

C. 服务组件

D. 协议组件

5. 在计算机的内置组中,Power Users 组有以下哪些管理功能?(　　)

A. 可以管理 administrators 组的成员

B. 可以共享计算机上的文件夹

C. 具有创建用户账户和组账户的权利

D. 对计算机有完全控制权限

二、填空题

1. 默认 FTP 开放的是＿＿＿＿＿＿＿端口。

2. RAID-1 又称为＿＿＿＿＿＿＿卷。

3. 共享权限分为完全控制、更改和＿＿＿＿＿＿＿。

4．管理员的用户名为＿＿＿＿＿＿＿＿＿。

5．在 Windows 操作系统中，用户用来组织和操作文件和目录的工具是＿＿＿＿＿＿＿。

三、判断题

1．基于 VMware Workstation 平台，可以在同一服务器上同时运行多台虚拟机。（　　）

2．可以把 Windows XP 直接升级为 Windows 2008。（　　）

3．虚拟内存的实质是硬盘空间，对应根目录下的"pagefiles.sys"文件。（　　）

4．磁盘限额的配额项既能针对用户设置，也能针对组设置。（　　）

5．在 Windows Server 2008 R2 中默认的共享权限为 Everyone 完全控制。（　　）

四、简答题

1．VMware Workstation 可以用于测试病毒吗？

2．简述动态磁盘管理中 RAID 0、RAID 1、RAID 5 的功能。

五、操作题

对基于图 1-3-1 所示拓扑结构和表 1-3-1 所示设备信息的网络，请按照以下要求完成 Windows Server 2008 R2 的安装和部署。

（1）在 VMware Workstation 平台上完成 3 台数据中心系统的安装。

（2）建立 3 个 LAN 区段，分别是 LAN 区段 1、LAN 区段 2 和 LAN 区段 3。

（3）为所有虚拟机设置双 CUP，将内存设置为 4 GB，硬盘大小为 40 GB。

（4）虚拟机 RTR1 的网络适配器分别选择 LAN 区段 1 和 LAN 区段 3。

（5）虚拟机 RTR2 的网络适配器分别选择 LAN 区段 2 和 LAN 区段 3。

（6）将系统口令设置为"Pass1234"。

（7）实现虚拟机 1 和虚拟机 2 的互连互通。

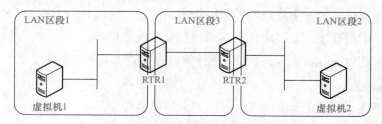

图 1-3-1　Windows 服务器安装及连通性测试

【设备信息】

表 1-3-1　设备端口连接

设备名称	端口	IP 地址	网关地址
虚拟机 1（Win2008E1）	虚拟机网络适配器（NIC，LAN 区段 1）	192.168.1.10/24	192.168.1.1
虚拟机 2（Win2008E2）	虚拟机网络适配器（NIC，LAN 区段 2）	192.168.2.10/24	192.168.2.1

续表

设备名称	端口	IP 地址	网关地址
虚拟机 （RTR1）	NIC 1（LAN 区段 1）	192.168.1.1/24	—
	NIC 2（LAN 区段 3）	10.1.1.1/30	—
虚拟机 （RTR2）	NIC 1（LAN 区段 2）	192.168.2.1/24	—
	NIC 2（LAN 区段 3）	10.1.1.2/30	—

单元 2

Windows Server
域安装与部署

导读

活动目录（Active Directory，AD）是面向 Windows Standard Server、Windows Enterprise Server 以及 Windows Datacenter Server 的目录服务。活动目录存储了有关网络对象的信息，例如用户、用户组、计算机、域、组织单位（Organization Unit，OU）以及安全策略等，能够让管理员和用户轻松地查找和使用这些信息。活动目录使用了一种结构化的数据存储方式，并以此为基础对目录信息进行合乎逻辑的分层组织。本单元基于 Windows Server 2008 R2 讲述 Windows Server 域安装与部署。

2.1 Windows Server 域服务

学习目标

● 理解活动目录的概念与作用。

● 理解域的概念。

● 理解如何安装子域实现域树结构。

● 熟练掌握 Windows Server 2008 R2 活动目录的安装。

● 熟练掌握将计算机加入域的方法。

● 提高规划网络组织结构的专业技能。

内容梳理

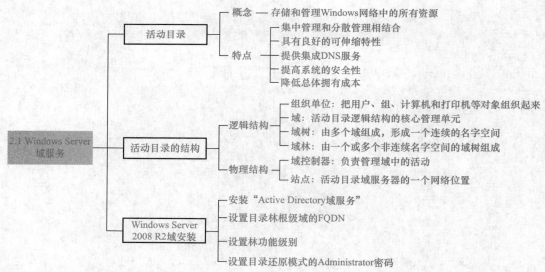

知识概要

1. 活动目录的概念

活动目录就像一个数据库，负责存储和管理 Windows 网络中的所有资源，如服务器、客户机、用户账户、打印机、各种文件等资源。普通用户通过活动目录可以很容易地找到并使用网络中的各种资源。管理员也可以通过活动目录对网络中的所有资源进行集中管理。

在活动目录中可以被管理的一切资源都称为活动目录对象，如用户、组、计算机账号和共享文件夹等。活动目录的资源管理就是对这些活动目录对象的管理，包括设置对象的属性、设置对象的安全性等。每一个对象都存储在活动目录的逻辑结构中，可以说活动目录对象是组成活动目录的基本元素。

2. 活动目录的特点

利用活动目录管理网络资源有如下特点。

1）集中管理和分散管理相结合

活动目录能够对所有资源进行集中管理，快速定位资源，统一执行组策略；还可以根据不同用户的需要进行分散管理，比如对不同的组织单位执行不同的组策略。

2）具有良好的可伸缩特性

活动目录包含一个或多个域，每个域具有一个或多个域控制器，以便调整网络的规模。

3）提供集成 DNS 服务

活动目录服务借用现有 DNS 服务命名体系来定义域环境的名称，这使活动目录的域环境更容易被记忆和使用。另外，活动目录服务器和接受活动目录服务管理的计算机都使用 DNS 服务来查找和定位网络中的资源和服务。

4）提高系统的安全性

通过登录认证和对目录中对象的访问控制，活动目录提高了系统的安全性。

5）降低总体拥有成本

当在活动目录中应用一个组策略时，它可以对域中的所有计算机生效，这就缩短了在每一台计算机上配置的时间，有助于降低总体拥有成本。

3. 活动目录的功能

活动目录的功能是组织和管理网络中的全部资源对象，具体如下。

（1）服务器及客户端计算机管理：管理服务器及客户端计算机账户，将所有服务器及客户端计算机加入域管理并实施组策略。

（2）用户服务：管理用户域账户、用户信息、企业通讯录（与电子邮件系统集成）、用户组管理、用户身份认证、用户授权管理等，实施组管理策略。

（3）资源管理：管理打印机、文件共享服务等网络资源。

（4）桌面配置：系统管理员可以集中实施各种桌面配置策略，如用户使用域中资源权限限制、界面功能限制、应用程序执行特征限制、网络连接限制、安全配置限制等。

（5）应用系统支撑：支持财务、人事、电子邮件、企业信息门户、办公自动化、补丁管理、防病毒等各种应用系统。

4. 轻型目录访问协议（LDAP）

LDAP（Lightweight Directory Access Protocol）是一种用来查询和更新活动目录的目录服务的通信协议。"LDAP 命名路径"表示对象在活动目录中的位置。所有对活动目录的访问都通过 LDAP 进行。

例如，在域 abc.com 中有一个组织单位 IT，在这个组织单位下有一个用户 test，那么在活动目录中 LDAP 这样标识该对象：

"CN=test，OU=IT，DC=abc，DC=com"

其中，CN 代表域组件，OU 代表组织单位，CN 代表普通名字。

5. 活动目录的结构

活动目录的结构包括逻辑结构和物理结构。

1）逻辑结构

活动目录的逻辑结构属于树状层次结构，如图 2-1-1 所示。在一个区域中，用于安装活动目录的服务器称为"域控制器"（Domain Controller，DC)，负责该区域资源的管理与控制。其中，组织单位是活动目录中的一个特殊容器，它可以把用户、组、计算机和打印机等对象组织起来。在区域下面可以划分子域，子域的域控制器负责子域内资源的管理与控制。子域下面还可以有更多子域，最高一级域和其下所有子域构成一棵"域树"。在同一网络中，可以有多棵不同的域树，所有域树构成"域林"。

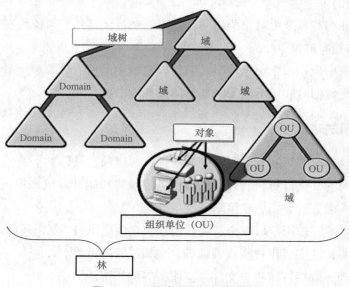

图 2-1-1　活动目录的逻辑结构

（1）域。

域是 Windows Server 2008 系统的安全边界。安全边界就是域的管理者只能在自己的域内部行使管理员的权利。域内可以存在多台域控制器，所有域控制器都能够执行对活动目录的查询等工作，同时把活动目录数据库的变化复制给其他域控制器。

　　域是活动目录逻辑结构的核心管理单元。活动目录可以贯穿一个或多个域。每个域都有自己的安全策略以及它与其他域的信任关系。当多个域通过信任关系连接起来之后，活动目录可以被多个信任域共享。

　　（2）域树。

　　域树由多个域组成，这些域共享同一个结构和配置，形成一个连续的名字空间。域树中的域通过双向可传递信任关系连接在一起。域树中的下层域成为其上层域的子域，上层域称为父域。例如，父域的名称是 test.com，那么子域的名称应该是 ×××.test.com，如图 2-1-2 所示。

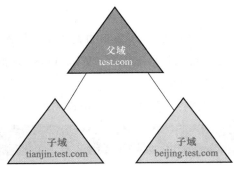

图 2-1-2　域树结构

　　（3）域林。

　　域林由一个或多个非连续名字空间的域树组成，它与域树最明显的区别就在于这些域树之间没有形成连续的名字空间，但域林中的所有域树仍共享同一个表结构、配置和全局目录。

　　2）物理结构

　　活动目录的物理结构用于设置和管理网络流量，它由域控制器和站点组成。

　　（1）域控制器。

　　域控制器提供活动目录的服务，存储与复制活动目录数据库，负责管理域中的活动，包括"用户登录""身份验证"与"目录查询"等。一个域可以有一个或多个域控制器。

　　（2）站点。

　　站点是指包括活动目录域服务器的一个网络位置，通常是一个或多个通过 TCP/IP 连接起来的子网。站点内部的子网通过可靠、快速的网络连接起来。站点的划分使管理员可以很方便地设置活动目录的复杂结构，更好地利用物理网络特性，使网络通信处于最优状态。

　　活动目录中的站点与域是两个完全独立的概念，一个站点中可以有多个域，多个站点也可以位于同一域中。

6. 活动目录与 DNS

活动目录是按区域对资源进行管理的，各区域的命名规则与 DNS 的命名规则相同，因此活动目录必须得到 DNS 服务的支持，借助 DNS 服务的域名解析，达到使用域名访问该域中计算机资源的目的。活动目录主要在进行网络管理时，使用域名来访问计算机资源。

应知应会

接下来通过两个实例讲解基于 VMware Workstation 平台的 Windows Server 2008 R2 域控制器的安装。

【例 2-1-1】 对基于图 2-1-3 所示拓扑结构和表 2-1-1 所示设备信息的网络，把虚拟机（Win2008S1）设置为域控制器，并将虚拟机（Win2008S2）加入该域。

（1）目录林根级域的 FQDN：fj.com。

（2）林功能级别和域功能级别：Windows Server 2003。

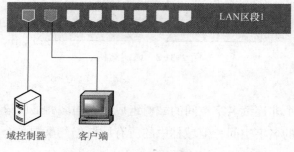

图 2-1-3 拓扑结构

【设备信息】

表 2-1-1 设备端口连接

设备名称	角色	IP 地址	备注
虚拟机（Win2008S1）	域控制器	IP 地址：10.1.1.100/24 默认网关：10.1.1.1 DNS 服务器的 IP 地址：10.1.1.100	域控制器本身就是一台 DNS 服务器
虚拟机（Win2008S2）	客户端	IP 地址：10.1.1.200/24 默认网关：10.1.1.1 DNS 服务器的 IP 地址：10.1.1.100	客户端的首选 DNS 服务器需填写域控制器的 IP 地址

【部署过程】

STEP 1：在虚拟机（Win2008S1）上打开"选择服务器角色"窗口，勾选"Active Directory 域服务"复选框，按照操作提示进行安装，如图 2-1-4 所示。

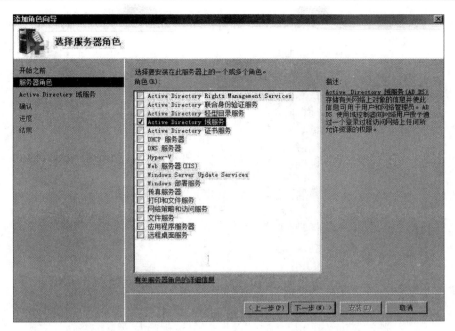

图 2-1-4　勾选"Active Directory 域服务"复选框

STEP 2：安装完成后，还需选择"运行 Active Directory 域服务安装向导"命令进行下一步的安装，如图 2-1-5 所示。

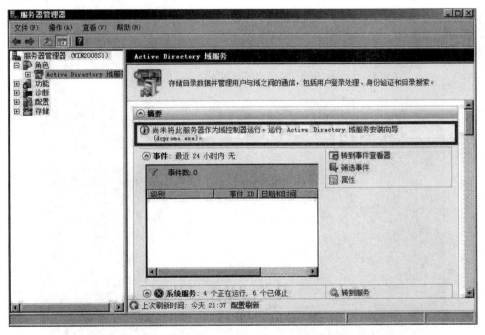

图 2-1-5　选择"运行 Active Directory 域服务安装向导"命令

STEP 3：打开"选择某一部署配置"对话框，由于这是创建的第一个域，所以单击"在新林中新建域"单选按钮，如图 2-1-6 所示。

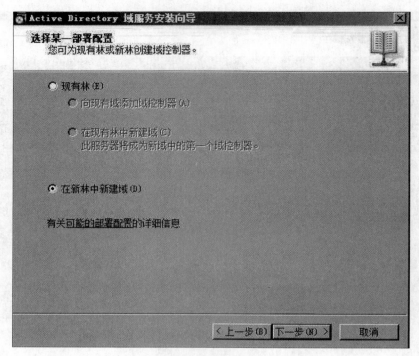

图 2-1-6 "选择某一部署配置"对话框

STEP 4：按要求设置目录林根级域的 FQDN。FQDN 即完全合格域名 / 全称域名，是指主机名加上全路径，全路径中列出了序列中所有域成员，如图 2-1-7 所示。

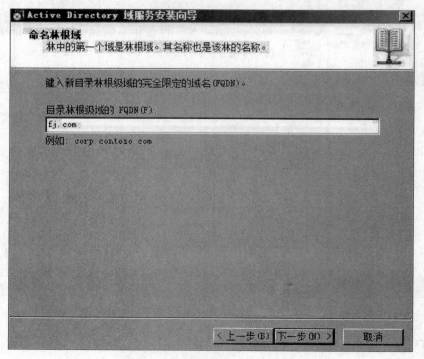

图 2-1-7 "命名林根域"对话框

STEP 5：在"设置林功能级别"对话框中，可以选择较低版本，这样就能兼容网络中低版本的 Windows 操作系统计算机，如图 2-1-8 所示。设置域功能级别的操作类似。

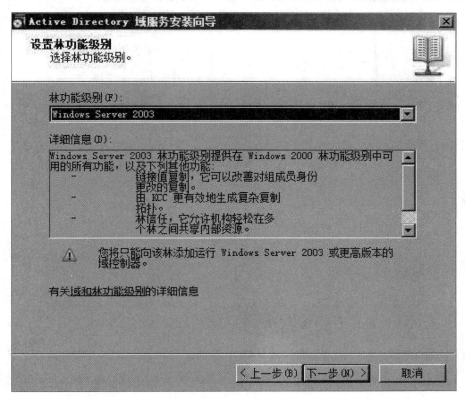

图 2-1-8 "设置林功能级别"对话框

STEP 6：系统会出现"无法创建该 DNS 服务器的委派……"信息提示对话框，单击"是"按钮，之后在安装过程中，将在这台计算机上自动安装和配置 DNS 服务，如图 2-1-9 所示。

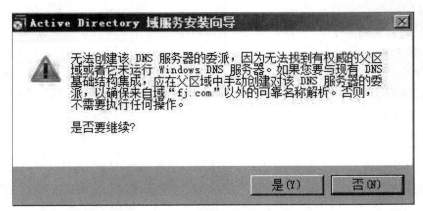

图 2-1-9 信息提示

STEP 7：在"目录服务还原模式的 Administrator 密码"对话框中，设置符合安全策略要求的密码，如图 2-1-10 所示。

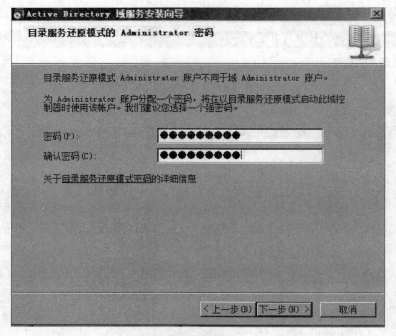

图 2-1-10　设置目录服务还原模式 Administrator 密码

STEP 8：安装完成后，以域管理员账号登录域控制器（WIN2008S1），如图 2-1-11 所示。打开"服务器管理器"窗口，可看到计算机完整名称、域已经改变了，如图 2-1-12 所示。

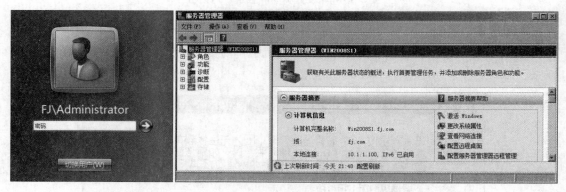

图 2-1-11　以域管理员账号
登录域控制器

图 2-1-12　成功安装域服务

STEP 9：在虚拟机（Win2008S2）上打开"服务器管理器"窗口，单击"更改系统属性"按钮后，打开"系统属性"对话框，单击"更改"按钮，如图 2-1-13 所示。

STEP 10：在"计算机名 / 域更改"对话框中，设置隶属于域"fj.com"，如图 2-1-14 所示。单击"确定"按钮后，输入域控制器的 Administrator 账号和密码，如图 2-1-15 所示。

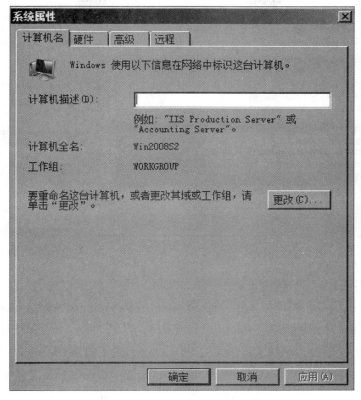

图 2-1-13　"系统属性"对话框

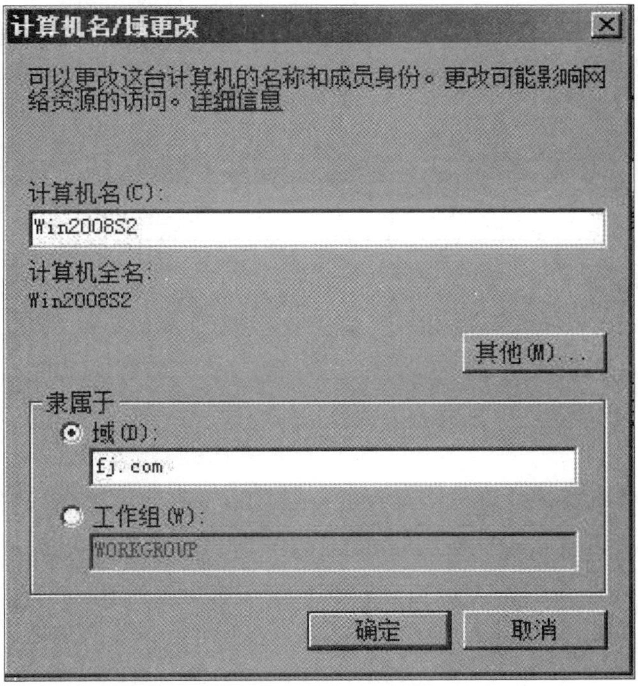

图 2-1-14　"计算机名 / 域更改"对话框

STEP 11：身份认证成功后，系统显示客户端加入域的操作成功，如图 2-1-16 所示。

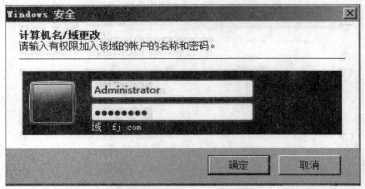

图 2-1-15　安全登录

图 2-1-16　客户端成功加入域

STEP 9 ～ STEP 11 是采用图形化界面加入域。还可以用命令行的方式加入域。打开客户端的"命令提示符"窗口中输入"netdom join %computername% /d:domain /userd:user / passwordd:password"命令，其中 domain 代表加入的域名，user 代表域账号，password 代表域密码。本例在虚拟机（Win2008S2）的"命令提示符"窗口中输入" netdom join %computername% /d:fj.com /userd:fj.com\administrator / passwordd:Jm123456"，重启计算机后即可加入域。

STEP 12：在域控制器（虚拟机 Win2008S1）上打开"Active Directory 用户和计算机"窗口，在"Computers"节点可以看到已经加入的客户端，如图 2-1-17 所示。

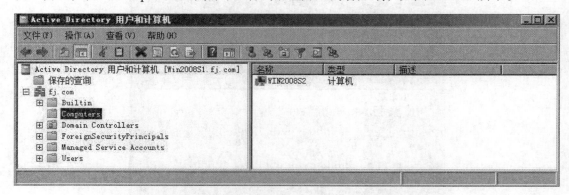

图 2-1-17　"Active Directory 用户和计算机"窗口

【例 2-1-2】 对基于图 2-1-18 所示拓扑结构和表 2-1-2 所示设备信息的网络，请按照以下要求完成 Windows Server 2008 R2 的部署。在现有域 fj.com 下安装子域 xm.fj.com，实现域树结构。其中，虚拟机（Win2008S1）设置为 fj.com 的域控制器，虚拟机（Win2008S3）设置为 xm.fj.com 的域控制器。

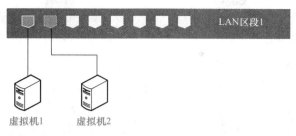

图 2-1-18　拓扑结构

【设备信息】

表 2-1-2　设备端口连接

设备名称	域	IP 地址
虚拟机 1 （Win2008S1）	fj.com	IP 地址：10.1.1.100/24 默认网关：10.1.1.1 DNS 服务器的 IP 地址：10.1.1.100
虚拟机 2 （Win2008S3）	xm.fj.com	IP 地址：10.1.1.201/24 默认网关：10.1.1.1 DNS 服务器的 IP 地址：10.1.1.100

【部署过程】

STEP 1：虚拟机（Win2008S1）已在例 2-1-1 中实现部署，本例中不再重复演示。参考例 2-1-1，在虚拟机（Win2008S3）上添加"Active Directory 域服务"，并运行"Active Directory 域服务安装向导"，单击"现有林"→"在现有林中新建域"单选按钮，如图 2-1-19 所示。

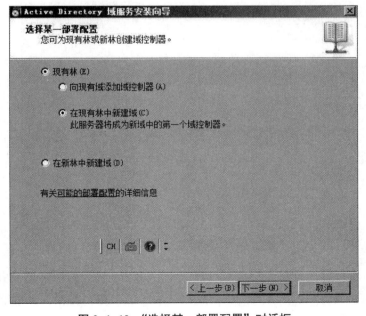

图 2-1-19　"选择某一部署配置"对话框

STEP 2：在"网络凭据"对话框中，输入域名称"fj.com"，输入该域的管理员账号和密码，如图 2-1-20 所示。

图 2-1-20　输入"fj.com"域的管理员账号和密码

STEP 3：在"命名新域"对话框中，输入父域名称"fj.com"和子域名称"xm"，如图 2-1-21 所示。

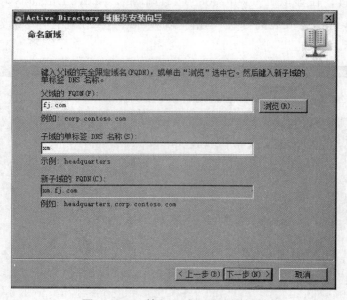

图 2-1-21　输入父域和子域的名称

STEP 4：根据安装向导，完成域功能级别、站点、目录服务还原模式的密码等相关设置后，会出现图 2-1-22 所示的摘要信息，单击"下一步"按钮开始安装，安装完成后重启计算机，该计算机即成为现有域 fj.com 下的子域 xm.fj.com 的域控制器。

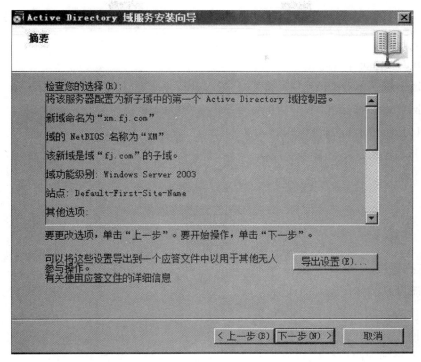

图 2-1-22　摘要信息

【案例 2-1-1】　如果子域的相对名称是 CHILDREN，父域的名称是 ROOT.COM，那么子域的可辨别的名称是（　　）。

A．ROOT.COM　　　　　　　　　B．CHILDREN

C．CHILDREN.ROOT.COM　　　　D．ROOT.COM.CHILDREN

【解析】子域的相对名称放置在父域名称之前，这样便构成了子域的可辨别的名称。

【答案】C

【案例 2-1-2】　下面关于域的叙述中不正确的是（　　）。

A．域是由一群服务器计算机与工作站计算机所组成的局域网系统

B．域是 Windows 网络操作系统的逻辑组织单元

C．在 Windows 网络操作系统中，域是安全边界

D．域之间相互访问不需要建立信任关系

【解析】信任关系是连接域与域的桥梁。当一个域与其他域建立了信任关系后，2 个域之间不但可以按需要相互进行管理，还可以跨网络分配文件和打印机等设备资源，使不同的域之间实现网络资源的共享与管理。因此，D 选项的说法不正确。

【答案】D

【案例 2-1-3】 如果一个域的域功能级别为 Windows Server 2008，则其支持的域控制器为（ ）。

A．Windows 2000 Server

B．Windows Server 2003

C．Windows Server 2003 和 Windows Server 2008

D．Windows Server 2008

【解析】域控制器一般要等于或高于域功能级别，因此排除 A、B、C 选项。

【答案】D

知识测评

一、选择题

1．活动目录的作用是（ ）。

A．方便查找服务器上的文件和目录

B．方便查找客户端上的文件和目录

C．集中管理网络中的资源

D．方便管理网络中的交换机和路由器

2．要使服务器成为域控制器，首先需要在服务器上安装（ ）。

A．Active Directory 域服务

B．DHCP 服务

C．DNS 服务

D．WWW 服务

3．创建和删除活动目录时，都可以通过在命令行中输入（ ）实现。

A．dcpromo

B．gpupdate/force

C．ntdsutil

D．dcpromo/adv

4．下列关于 ADSI 的说法不正确的是（ ）。

A．检索活动目录对象的信息

B．在活动目录中添加对象

C．更改活动目录对象的属性

D．ADSI 不是使用 LDAP 和活动目录通信

5．关于卸载域控制器的做法，以下正确的是（ ）。

A．使用"dcpromo"命令进行卸载

B．使用"ntdsutil"命令进行卸载

C．直接对硬盘进行格式化，不会有任何影响

D．如果域内还有其他域控制器，则该域控制器会被降级为独立服务器

二、填空题

1. 对于丢失的域控制器，需要让某台域控制器重启到目录恢复模式，然后在命令行状态下运行_____，根据提示输入相关信息，在数据库里删除该域控制器。

2. 如果要在一台计算机上安装活动目录服务，应该选择_____文件系统。

3. 域组件的标识符是_____。

4. 目录树中的域通过_____关系连接在一起。

5. 活动目录架构包括两方面内容：_____和_____。

三、判断题

1. 在"Active Directory 域服务"的部署设置中，如果安装子域的域控制器，应当单击"在现有林中新建域"单选按钮。　　　　　　　　　　　　　　　（　　）

2. 活动目录可以包含一个或多个域树，可以将已存在的域加入一个域树，也可以将一个已存在的域加入一个域林以方便管理。　　　　　　　　　　　　　（　　）

3. 如果父域的名称是 ACME.COM，子域的名称是 DAFFY，那么子域的 DNS 全名是 DAFFY.ACME.COM。　　　　　　　　　　　　　　　　　　　　　　（　　）

4. 活动目录中站点结构的设计主要基于逻辑结构。　　　　　　　　　（　　）

5. 域是 Windows Server 2008 活动目录逻辑结构的核心单元。　　　　（　　）

四、简答题

1. 简述域控制器的概念。

2. 简述活动目录的概念。

五、操作题

对基于图 2-1-23 所示拓扑结构和表 2-1-3 所示设备信息的网络，区域 abc.com 中有 2 台域控制器，2 台域控制器以负荷分担的方式工作，当其中一台域控制器出现故障时，另一台域控制器可以独立负责本区域的管理和控制。请按照以下要求完成 Windows Server 2008 R2 域的安装与配置。

（1）目录林根级域的 FQDN：abc.com。

（2）林功能级别和域功能级别：Windows Server 2003。

（3）密码统一设置为"P@ssw0rd"。

（4）将虚拟机 3（Win2008A3）加入域。

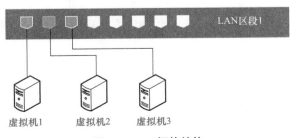

图 2-1-23　拓扑结构

【设备信息】

表 2-1-3　设备端口连接

设备名称	设备信息	IP 地址	备注
虚拟机 1 （Win2008A1）	计算机名：dns1 域名：dns1.abc.com	IP 地址：192.168.0.10 子网掩码：255.255.255.0 默认网关：192.168.0.1 DNS 服务器：192.168.0.10	区域 abc.com 中的 第一台域控制器
虚拟机 2 （Win2008A2）	计算机名：dns2 域名：dns2.abc.com	IP 地址：192.168.0.20 子网掩码：255.255.255.0 默认网关：192.168.0.1 DNS 服务器：192.168.0.10	区域 abc.com 中的 第二台域控制器
虚拟机 3 （Win2008A3）	计算机名：a3 域名：a3.abc.com	IP 地址：192.168.0.30 子网掩码：255.255.255.0 默认网关：192.168.0.1 DNS 服务器（主）：192.168.0.10 DNS 服务器（备）：192.168.0.20	区域 abc.com 中的 计算机

2.2 创建与管理域用户、域组账户和组织单位

学习目标

- 理解域账户和域组账户的概念。
- 理解组织单位的概念。
- 熟练掌握域环境下用户和用户组的管理。
- 熟练掌握组织单位的创建。
- 掌握用 Shell 命令批量创建用户和用户组的方法。
- 培养高效的工作作风，提高网络搭建的职业技能。

内容梳理

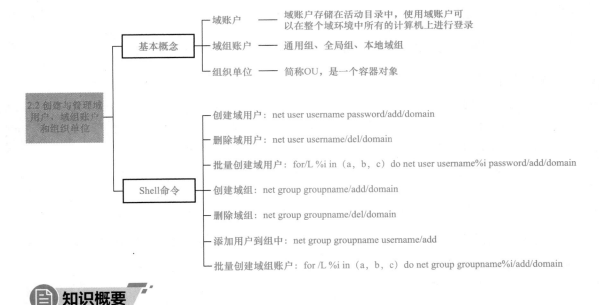

知识概要

1. 域账户的概念

Windows Server 2008 R2 支持两种用户账户：域账户和本地账户。使用域账户可以在整个域环境中所有的计算机上进行登录，而使用本地账户的时候，用户只能使用该账户登录本地计算机。域账户存储在活动目录中。

2. 域组账户的概念

根据组的作用范围，Windows Server 2008 R2 域内的组分为通用组、全局组和本地域组。

（1）通用组：通用组可以指派所有域中的访问权限，以便访问每个域内的资源。通用组的成员能够包含整个域目录中任何一个域内的用户、通用组、全局组，但无法包含任何一个域内的本地域组。

（2）全局组：全局组主要用来组织用户，即可以将多个即将被赋予相同权限的用户账户加入同一个全局组。全局组可以访问任何一个域内资源，但成员只能包含与该组相同域中的用户和其他全局组。

（3）本地域组：本地域组主要被用来指派在其所属域内的访问权限，以便可以访问该域内的资源。本地域组只能访问同一域内的资源，无法访问其他不同域内的资源。

3. 组织单位的概念

组织单位是一个容器对象，通常对应于实际网络管理中的一个"组织"或"单位"，它可以包含用户账户对象、计算机对象，以及其他组织单位对象，也可以把组策略对象链接到组织单位对象上。

4. 创建与管理域用户和域组账户的 Shell 命令

1）创建与管理域用户

（1）创建域用户：

```
net user username password /add /domain
```

（2）删除域用户：

```
net user username /del /domain
```

（3）批量创建域用户：

```
for /L %i in (a, b, c) do net user username%i password /add /domain
```

参数：（a，b，c）分别对应（开始值，递增量，终值），username 表示用户名，password 表示用户密码。

2）创建与管理域组账户

（1）创建域组：

```
net group groupname /add /domain
```

（2）删除域组：

```
net group groupname /del /domain
```

（3）添加用户到组中：

```
net group groupname username /add
```

（4）批量创建域组账户：

`for /L %i in（a，b，c）do net group groupname%i /add /domain`

参数：（a，b，c）分别对应（开始值，递增量，终值），groupname 表示域组账户名称。

应知应会

【例 2-2-1】　对基于表 2-2-1 所示设备信息的网络，利用图形化界面按照以下要求完成 Windows Server 2008 R2 的域用户、域组账户和组织单位的创建与管理。

（1）新建域用户 lily 和域组账户 sale。

（2）把域用户 lily 加入域组账户 sale。

（3）在"Active Directory 用户和计算机"界面创建福建分公司的组织单位，并创建信息部、财务部和人资部等 3 个子组织单位。

【设备信息】

表 2-2-1　设备端口连接

设备名称	角色	IP 地址
虚拟机 （Win2008S1）	域控制器 fj.com	IP 地址：10.1.1.100/24 默认网关：10.1.1.1 DNS 服务器的 IP 地址：10.1.1.100

【配置信息】

STEP 1: 在"Active Directory 用户和计算机"界面，用鼠标右键单击"Users"节点，在弹出的菜单中选择"新建"→"用户"选项，如图 2-2-1 所示。

图 2-2-1　创建用户

STEP 2：设置用户姓名、登录名、密码等，单击"下一步"按钮即可完成域用户 lily 的设置，如图 2-2-2 和图 2-2-3 所示。

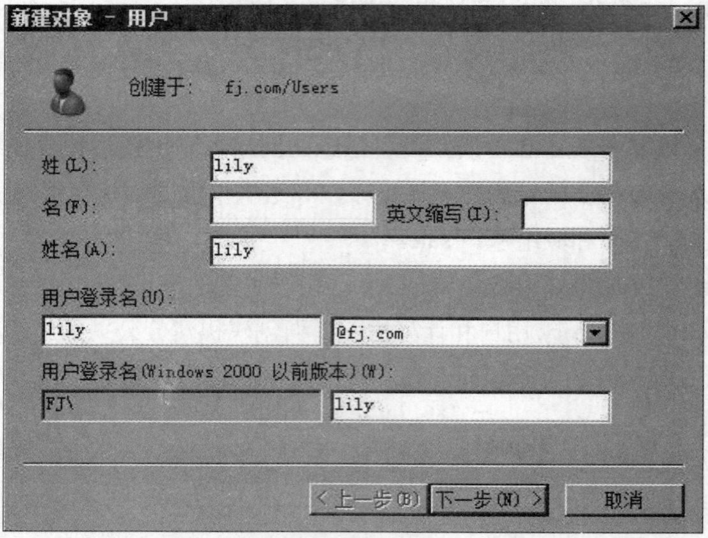

图 2-2-2　设置用户信息

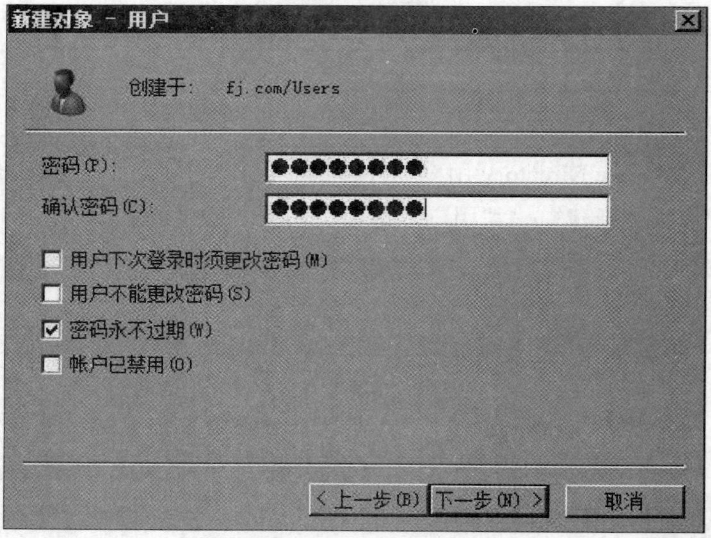

图 2-2-3　设置密码

STEP 3：在"Active Directory 用户和计算机"界面，用鼠标右键单击"Users"节点，在弹出的菜单中选择"新建"→"组"选项，如图 2-2-1 所示。

STEP 4：在"新建对象 – 组"对话框中设置组名，单击"确定"按钮即可完成域组账号的创建，如图 2-2-4 所示。

STEP 5：在域组" sale"上单击鼠标右键，在弹出的菜单中选择"属性"选项，如图 2-2-5 所示。

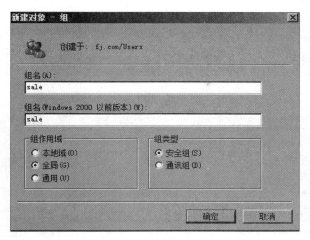

图 2-2-4　创建域组账号

图 2-2-5　更改域组属性

STEP 6：在"sale 属性"对话框中选择"成员"选项卡，输入"lily"账号，完成添加，如图 2-2-6 和图 2-2-7 所示。

STEP 7：在"Active Directory 用户和计算机"界面，用鼠标右键单击"fj.com"节点，在弹出的菜单中选择"新建"→"组织单位"选项，如图 2-2-8 所示。

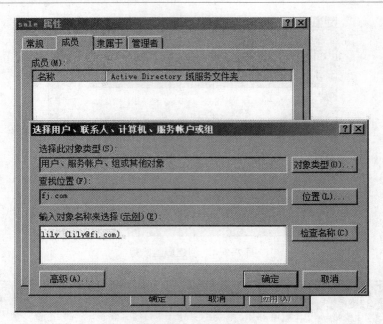

图 2-2-6　添加用户

图 2-2-7　用户添加成功

STEP 8：在"新建对象 – 组织单位"对话框中输入组织单位名称"福建分公司"，单击"确定"按钮，完成组织单位的创建，如图 2-2-9 所示。

STEP 9：在"福建分公司"组织单位下分别创建 3 个子组织单位，如图 2-2-10 所示。

图 2-2-8　新建组织单位

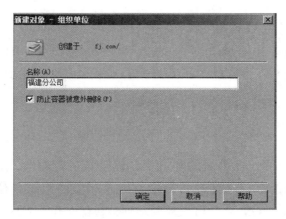

图 2-2-9　设置组织单位名称

图 2-2-10　组织单位嵌套

【例 2-2-2】 对基于表 2-2-1 所示设备信息的网络，利用 Shell 命令按照以下要求完成 Windows Server 2008 R2 的域用户、域组账户的创建。

（1）通过 Shell 命令创建域用户 a1，密码为 P@ssw0rd。

（2）通过 Shell 命令批量创建 10 个域用户，域用户名称为 TS1－TS10，密码统一为 P@ssw0rd。

（3）通过 Shell 命令创建域组账户 IT，并将域用户 a1 加入 IT 组。

（4）通过 Shell 命令批量创建 10 个域组账户，域组账户名称为 CH1－CH10。

【配置信息】

在命令提示符对话框中完成以下操作。

STEP 1: 创建域用户 a1，密码为 P@ssw0rd。

```
net user a1 P@ssw0rd /add /domain
```

STEP 2: 批量创建 10 个域用户，域用户名称为 TS1－TS10，密码统一为 P@ssw0rd。

```
for /L %i in（1，1，10）do net user TS%i P@ssw0rd /add /domain
```

STEP 3: 创建域组账户 IT，并将域用户 a1 加入 IT 组。

```
net group IT /add /domain
net group IT a1 /add
```

STEP 4: 批量创建 10 个域组账户，域组账户名称为 CH1－CH10。

```
for /L %i in（1，1，10）do net group CH%i /add /domain
```

典型案例

【案例 2-2-1】 公司处在单域的环境中，你是域的管理员，公司有两个部门——销售部和市场部，每个部门在活动目录中有一个相应的组织单位，分别是 SALES 和 MARKET。有一个用户 TOM 要从市场部调动到销售部工作。TOM 的账户原来存放在组织单位 MARKET 中，你想将 TOM 的账户存放到组织单位 SALES 中，应该通过（　　）来实现此功能。

A. 在组织单位 MARKET 中将 TOM 的账户删除，然后在组织单位 SALES 中新建 TOM 的账户

B. 将 TOM 使用的计算机重新加入域

C. 复制 TOM 的账户到组织单位中，然后将 MARKET 中 TOM 的账户删除

D. 直接将 TOM 的账户拖动到组织单位 SALES 中

【解析】要将域用户转到别的组织单位中，可直接将域用户拖动到其他组织单位中。

【答案】D

【案例 2-2-2】 如果希望组织单位中的用户不受域策略的影响，应使用（　　）实现。

A. 继承　　　　　　　　　　　　　　B. 阻止继承

C．筛选　　　　　　　　　　　　D．强制生效

【解析】"阻止继承"会阻止子层自动继承链接到更高层站点、域或组织单位的组策略对象（GPO）。

【答案】B

【案例 2-2-3】　如果在活动目录中创建一个新用户，则默认该新用户隶属于哪个组？（　　）

A．domainusers 组　　　　　　　B．administrators 组

C．powerusers 组　　　　　　　　D．guest 组

【解析】域用户账户在域的 domainusers 组中，本地用户账户在本地 user 组中。

【答案】A

知识测评

一、选择题

1．组策略对象不可以在以下哪个对象上指派？（　　）

A．站点　　　　　　　　　　　　B．域

C．组织单位　　　　　　　　　　D．用户组

2．将一台使用 Windows 操作系统的计算机安装为域控制器时，以下哪个条件不是必须的？（　　）

A．安装者必须具有本地管理员的权限

B．本地磁盘至少有一个分区是 NTFS 文件系统

C．操作系统必须是 Windows Server 2008 R2 企业版

D．有相应的 DNS 服务器

3．在活动目录中，按照组的作用域不同，可以将组分为 3 种，其中不包括（　　）。

A．域本地组　　　　　　　　　　B．通信组

C．通用组　　　　　　　　　　　D．全局组

4．如果希望保证只有在组织单位层次上的组策略对象设置影响组织单位中的对象"用户组策略"设置，则可使用（　　）实现此功能。

A．阻断策略继承　　　　　　　　B．禁止

C．拒绝　　　　　　　　　　　　D．禁止覆盖

5．为了保障某组策略对象在域层次上使用，而不被下层所覆盖，可采用（　　）方法。

A．阻断策略继承

B．禁止

C．拒绝

D．禁止覆盖

二、填空题

1. 组织单位的缩写是_____。

2. 一个域中无论有多少台计算机，一个用户只要拥有_____个域用户账户，便可以访问域中所有计算机上允许访问的资源。

3. 如果想把客户机加入域 domain.jsj.hd，应在客户机的"系统属性"对话框中将计算机的隶属关系改到域，并输入_____。

4. 活动目录使用_____协议来验证身份。

5. _____的作用是保证域的管理员只能在该域内有必要的管理权限，除非管理员得到其他域的明确授权。

三、判断题

1. 组策略对象不能连接到活动目录域对象上。   （ ）

2. 为了支持集中管理，活动目录包含所有对象和它们的属性信息。 （ ）

3. 活动目录包含将组策略应用到站点、域和组织单位。   （ ）

4. 提升活动目录时，Guest 属于系统内建用户。   （ ）

5. 可以使用"Active Directory 用户和计算机"界面批量创建组织单位和其他活动目录的对象。   （ ）

四、简答题

1. 简述组织单位的概念。

2. 简述域用户和本地用户的区别。

五、操作题

对基于图 2-2-11 所示的组织结构和表 2-2-2 所示设备信息的网络，请按照以下要求完成 Windows Server 2008 R2 域用户、域组账户和组织单位的部署。

图 2-2-11　组织结构

（1）在域控制器上，创建组织单位"福州分公司"，创建域组账户"business"。

（2）批量创建 5 个域用户，域用户名称为 test1~test5，密码统一为 P@ssw0rd。这些域用户隶属于域组账户"business"。

【设备信息】

表 2-2-2　设备端口连接

设备名称	角色	IP 地址
虚拟机 （Win2008S1）	域控制器 fj.com	IP 地址：10.1.1.100/24 默认网关：10.1.1.1 DNS 服务器的 IP 地址：10.1.1.100

2.3 单元测试

一、选择题

1．父域是 nyist.com，那么子域的规范表示是（　　）。

A．nyist.js.com

B．js.nyis.com

C．nyist.com.js.com

D．js.com.nyist

2．在域环境中，用户的配置文件有 3 种，不包括（　　）。

A．临时用户配置文件

B．漫游用户配置文件

C．强制漫游配置文件

D．本地用户配置文件

3．下面在目录林范围内唯一的是（　　）。

A．架构主控

B．RID 主控

C．主域控制器仿真器

D．基础结构主控

4．以下哪一组织单位特性可使设置信息从上级对象传递到下级对象？（　　）

A．继承性

B．用户组策略

C．委派

D．分层结构

5．活动目录中域结构的设计主要基于（　　）。

A．域结构

B．行政结构

C．逻辑结构

D．物理结构

二、填空题

1．如果父域的名称是 ACME．COM，子域的名称是 DAFFY，那么子域的 DNS 全名是＿＿＿＿＿＿＿＿＿＿。

2．活动目录的缩写是＿＿＿＿＿＿＿＿＿＿。

3．在 Windows 域环境下，使用＿＿＿＿＿＿＿＿＿＿对象可以很容易地定位和管理对象。

4．两个域 shenyang．dcgie．com 和 beijing．dcgie．com 的共同父域是＿＿＿＿＿＿＿＿＿＿。

5．在域模式中，由＿＿＿＿＿＿＿＿＿＿来实现对域的统一管理。

三、判断题

1．活动目录中的域之间的信任关系是双向可传递的。　　　　　　　　　　（　　）

2．活动目录中站点结构设计主要基于域结构。　　　　　　　　　　　　（　　）

3．用户账户、用户组、计算机账户是安全基本对象。　　　　　　　　　（　　）

4．在一个 Windows 域树中，第一个域被称为子域。　　　　　　　　　（　　）

5．域信任关系是网络中不同域之间的一种内在联系。　　　　　　　　　（　　）

四、简答题

1．简述活动目录的功能。

2．简述安装域控制器的条件。

五、操作题

对基于图 2-3-1 所示拓扑结构和表 2-3-1 所示设备信息的网络，请按照以下要求完成 Windows Server 2008 R2 域的安装和部署。

（1）目录林根级域的 FQDN：test.net。

（2）林功能级别和域功能级别：Windows Server 2003。

（3）在域控制器上，创建用户 Liming。对用户进行委派控制，委派"创建、删除和管理用户账户""将计算机加入域""管理组策略链接"的任务。

（4）将虚拟机（Win2008S2）加入域。

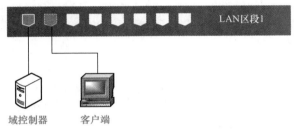

图 2-3-1　拓扑结构

【设备信息】

表 2-3-1　设备端口连接

设备名称	角色	IP 地址
虚拟机 1（Win2008S1）	域控制器域：test.net	IP 地址：192.168.1.100/24默认网关：192.168.1.1DNS 服务器的 IP 地址：192.168.1.100
虚拟机 2（Win2008S2）	客户端	IP 地址：192.168.1.200/24默认网关：192.168.1.1DNS 服务器的 IP 地址：192.168.1.100

单元 3

Windows Server
常用服务部署

导读

　　网络操作系统是构建计算机网络的软件核心与基础。根据《关于深化现代职业教育体系建设改革意见》的要求，本单元以微软 Windows Server 2008 R2 网络操作系统为例，从架构计算机网络的整体角度出发，突出实用性、系统性，应用 Windows Server 2008 R2 构建网络环境，完成网络服务的配置、管理与维护。本单元内容包括 DNS、WWW、FTP、DHCP 等网络服务的配置、管理与维护。

3.1 DNS 服务器安装与部署

学习目标

● 掌握 DNS 基础理论知识。

● 熟练掌握 DNS 服务器的安装。

● 理解并掌握创建正向查找区域和反向查找区域的操作。

● 熟练掌握新建主机、新建域名和新建邮件交换器的操作。

● 灵活掌握 nslookup 命令。

内容梳理

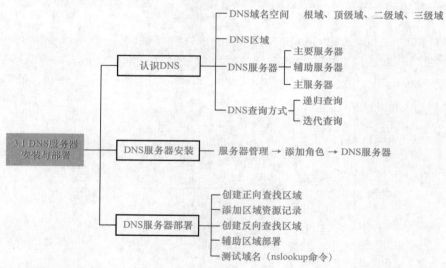

知识概要

　　DNS（Domain Name System，域名系统）是网络世界中不可或缺的一部分，无论上网的目的是什么，第一个请求的服务就是 DNS 域名解析服务请求，因此，对 DNS 服务的性能和稳定性都有极高的要求，如果 DNS 服务器出问题，其管辖的域名解析都会出现异常，相关网页的服务都无法访问，其影响和损失难以估量。DNS 本质上为一个数据库，其主要功能就是对易于记忆的域名与不容易记忆的 IP 地址进行转换。随着网络的迅速发展，DNS 要满足未来的网络需求，特别是处理能力和安全性能等方面的要求，必须向下一代技术发展。为了更好地学习 DNS，接下来对 DNS 的概念、分类等知识内容进行详细介绍。

1. 认识 DNS

当 DNS 客户端要与某台主机通信时，例如要连接网站 www.sina.com.cn，该客户端会向 DNS 服务器查询 www.sina.com.cn 的 IP 地址。提出查询请求的 DNS 客户端称为 resolver（解析者），而提供数据的 DNS 服务器称为 name server（名称服务器）。

DNS 是万维网上进行域名和 IP 地址相互映射的一个分布式数据库，能够使用户更方便地访问互联网，而不用去记忆能够被机器直接读取的 IP 地址。

1）DNS 域名空间

整个 DNS 架构是一个阶层式树形结构模型，这种结构称为 DNS 域名空间（DNS domain namespace），如图 3-1-1 所示。

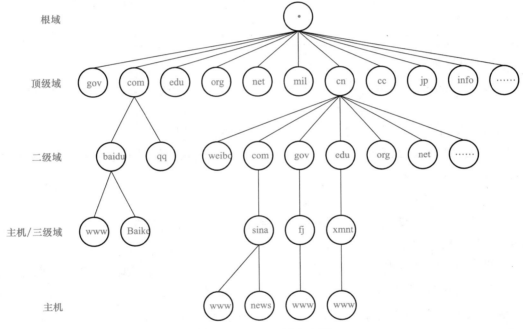

图 3-1-1　DNS 域名空间

位于树形结构最上层的是 DNS 域名空间的根（root），一般用点（.）代表根，根内有多台 DNS 服务器，分别由不同机构管理。根之下为顶级域（top-level domain），每个顶级域内有多台 DNS 服务器。顶级域用来将组织分类。部分顶级域名如表 3-1-1 所示。

顶级域名之下为 2 级域（second-level domain），供公司或组织申请与使用，比如 sina 就是"新浪网"申请的域名。如果要在 Internet 上使用域名，就必须先进行申请。

公司或组织在其所申请的 2 级域之下再细分多层 3 级域（subdomain），例如 news.sina.com.cn（新闻中心首页 – 新浪网），此完整名称也称为 Fully Qualified Domain Name（FQDN，总长度最大为 256 字符），其中 news.sina.com.cn 的 news 实际代表了主机名。

表 3-1-1　部分顶级域名

域名	说明
biz	适用于商业机构
com	适用于商业机构
edu	适用于教育、学术研究单位
gov	适用于官方政府单位
info	适用于所有用途
mil	适用于国防军事单位
net	适用于网络服务机构
org	适用于财团法人等非盈利机构
国码或区码	例如：cn（中国）、us（美国）

2）DNS 区域

DNS 区域是域名空间树形结构的一部分，通过它将域名空间分割为容易管理的小区域，但是一个区域所涵盖的范围必须是域名空间中连续的区域，例如 www.sina.com.cn 和 news.sina.com.cn 是两个子域。一台 DNS 服务器内可以存储一个或多个区域的数据，同一个区域的数据可以存储到多台 DNS 服务器中。区域文件中的数据被称为资源记录（Resource Record，RR）。

3）DNS 服务器

DNS 服务器内存储着域名空间的部分区域记录。DNS 服务器包括主要服务器（Primary Server）、辅助服务器（Secondary Server）和主服务器（Master Server）。其中主要服务器可以在区域内进行新建、删除和记录修改，并且主要服务器中存储着此区域的正本数据；辅助服务器存储的所有记录都是从另一台 DNS 服务器复制过来的，并且不能修改；主服务器存储的区域记录来自主要服务器的正本数据，或辅助服务器的复本数据。将区域内的资源记录从主服务器复制到辅助服务器的操作称为区域传递。

4）DNS 查询方式

DNS 客户端向 DNS 服务器查询 IP 地址，或 DNS 服务器向另外的 DNS 服务器查询 IP 地址，有两种查询模式，即递归查询和迭代查询。

2. DNS 服务器的安装与 DNS 客户端的设置

扮演 DNS 服务器角色的计算机要使用静态 IP 地址。如图 3-1-2 所示，设置 DNS 服务器和 DNS 客户端，先安装好这几台计算机的操作系统，设置计算机名称、IP 地址和首选 DNS 服务器。

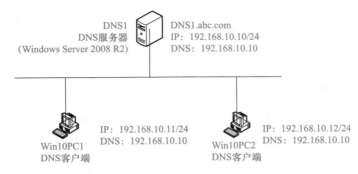

DNS1
DNS服务器
(Windows Server 2008 R2)

DNS1.abc.com
IP：192.168.10.10/24
DNS：192.168.10.10

IP：192.168.10.11/24
DNS：192.168.10.10

Win10PC1
DNS客户端

IP：192.168.10.12/24
DNS：192.168.10.10

Win10PC2
DNS客户端

图 3-1-2　DNS 服务器的安装与 DNS 客户端的设置

1）DNS 服务器的安装

STEP 1： 修改 DNS 服务器和 DNS 客户端的计算机名称和 IP 地址。修改 DNS 服务器的计算机名称使用以下命令实现。

```
netdom renamecomputer \\. /newname: dns1 /force /reboot: 0
```

STEP 2： 通过添加 DNS 服务器角色的方式安装 DNS 服务器。打开"服务器管理器"，然后单击仪表板处的"添加角色"按钮，在"服务器角色"列表框中勾选"DNS 服务器"复选框，如图 3-1-3 所示，接下来持续单击"下一步"按钮，直至完成 DNS 服务器的安装。

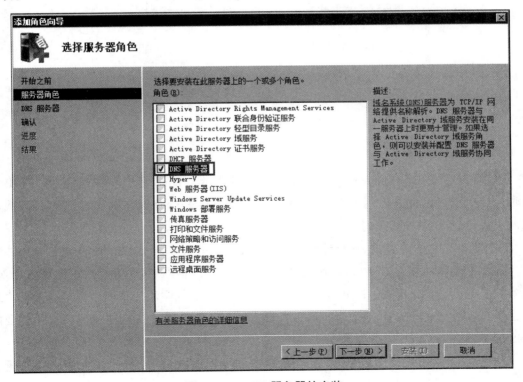

图 3-1-3　DNS 服务器的安装

2）DNS 客户端的设置

以 Windows 10 操作系统为例，在设置 Internet 协议版本 4（TCP/IPv4）时，在"首选 DNS 服务器"框中输入对应的 IP 地址，如图 3-1-4 所示。若还有备选 DNS 服务器，也可以在"备用 DNS 服务器"框中输入对应的 IP 地址。

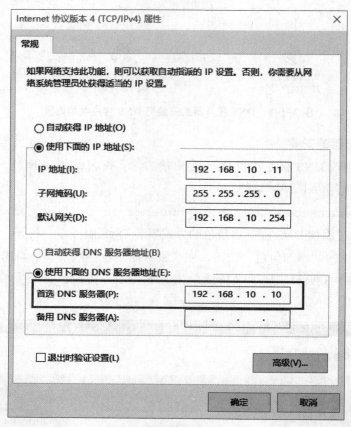

图 3-1-4　DNS 客户端的设置

3）使用 HOSTS 文件

HOSTS 文件用来存储主机名与 IP 地址的映射数据。DNS 客户端在查询主机的 IP 地址时，会检查自己计算机内的 HOSTS 文件，看文件内是否有该主机的 IP 地址，若找不到，才会向 DNS 服务器查询。

HOSTS 文件存储在每一台计算机的"%systemroot%\system32\drivers\etc"文件夹内，必须手动将主机名与 IP 地址映射数据添加到此文件中。以 Win10PC1 计算机为例，图 3-1-5 所示是 Win10PC1 计算机内的 HOSTS 文件，文件中添加了两个记录，此客户端以后查询这两台主机的 IP 地址时，可以直接通过此文件得到它们的 IP 地址，而不需要向 DNS 服务器查询。

当在这台客户端计算机使用 ping 命令查询 www.abc.com 的 IP 地址时，可以通过 HOSTS 文件得到 IP 地址为 192.168.10.11，如图 3-1-6 所示（注意：存在什么问题？）。

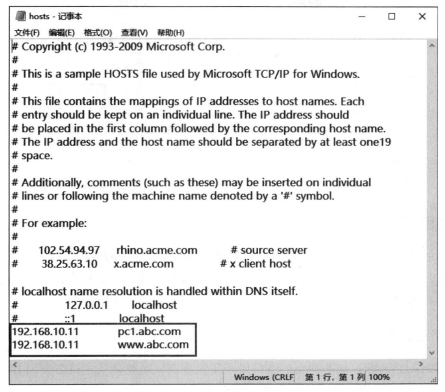

图 3-1-5　HOSTS 文件

图 3-1-6　使用 HOSTS 文件

4）DNS 查询过程

通过对 HOSTS 文件的学习，我们明确了当用户访问域名时操作系统先检查本机的 HOSTS 文件是否能解析，能则返回解析结果；不能则检查本机 DNS 缓存是否能解析，能则返回解析结果；不能则检查首选 DNS 服务器负责区域是否解析，能则返回解析结果；不能则看是否有设置转发器，若无则由根提示进行解析并返回解析结果，若有则转发给其他 DNS 服务器进行解析，并返回解析结果。DNS 解析流程如图 3-1-7 所示。

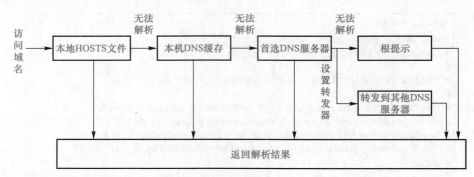

图 3-1-7　DNS 解析流程

 应知应会

Windows Server 2008 R2 的 DNS 服务器支持各种不同类型的区域，如主要区域、反向查找区域等。为了便于阐述如何建立 DNS 区域，选择在图 3-1-2 所示 DNS 服务器安装的基础上进一步完成 DNS 区域的创建。

1. 新建主要区域

绝大部分 DNS 客户端所提出的查询属于正向查询，也就是从主机名查询 IP 地址，下面说明如何新建一个提供正向查找服务的主要区域。

STEP 1： 选择"管理工具"→"DNS"选项。

STEP 2： 选中"正向查找区域"节点后单击鼠标右键，选择"新建区域"命令，单击"下一步"按钮，如图 3-1-8 所示。

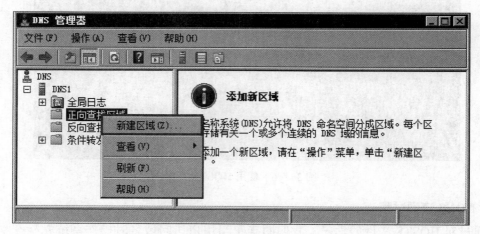

图 3-1-8　新建区域

STEP 3： 单击"主要区域"单选按钮后单击"下一步"按钮，如图 3-1-9 所示。

通过图 3-1-9，可以发现在新建区域时，除了可以创建主要区域，还可以创建辅助区域和存根区域。其中，辅助区域内的记录存储在区域文件中，不过其存储的是副本记录，数据是利用区域传送方式从其主服务器复制过来的。辅助区域内的记录是只读的，不可以修改。存根区域也存储着区域的副本，存根区域只包含少数记录。

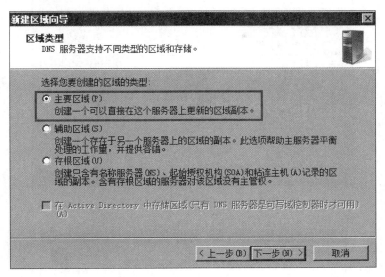

图 3-1-9　新建主要区域

STEP 4: 输入新建区域名称后单击"下一步"按钮，如图 3-1-10 所示。

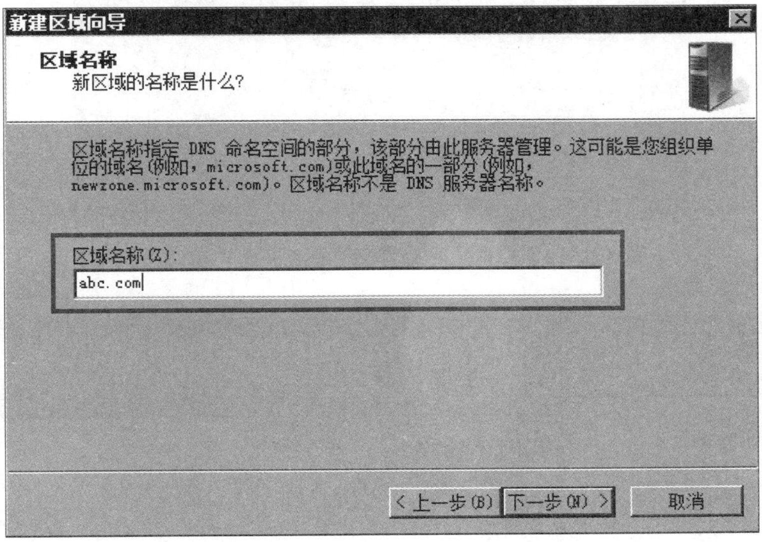

图 3-1-10　输入新建区域名称

　　STEP 5: 创建区域文件。如果要使用现有区域文件，请先复制该文件到"%systemroot%\system32\dns"文件夹中，然后依据图 3-1-11，单击"使用现存文件（U）"单选按钮。

　　STEP 6: 设置动态更新选项，在此单击"不允许动态更新（D）"单选按钮，如图 3-1-12 所示。

　　STEP 7: 完成主要区域文件设置，如图 3-1-13 所示。

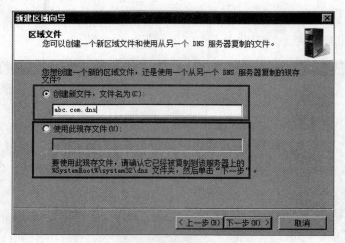

图 3-1-11　创建或选择区域文件

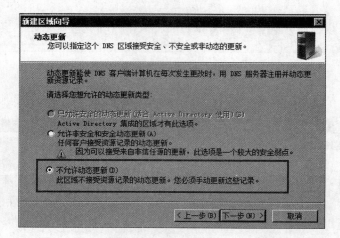

图 3-1-12　单击"不允许动态更新（D）"单选按钮

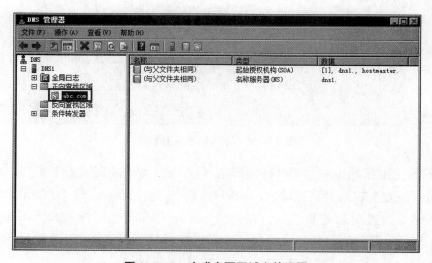

图 3-1-13　完成主要区域文件设置

2. 在主要区域内新建资源记录

DNS 服务器支持各种不同类型的资源记录，主要有新建主机资源记录（A 或 AAAA）、新建别名（CNAME）、新建邮件交换器（MX）等。接下来对前述 DNS 服务器按照表 3-1-2 创建资源记录。

表 3-1-2 在主要区域内创建资源记录

资源记录类型	域名	IP 地址 / 域名	优先级
主机资源记录	mail.abc.com	192.168.10.10	—
别名记录	www.abc.com	mail.abc.com	—
邮件交换器记录	abc.com	mail.abc.com	5

STEP 1：选中区域 abc.com 后单击鼠标右键，选择"新建主机（A 或 AAAA）命令"，输入主机记录信息，如图 3-1-14 所示。

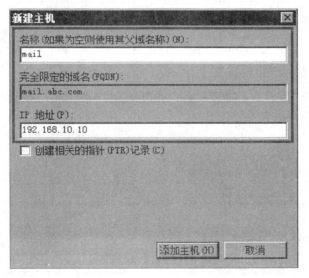

图 3-1-14 创建主机资源记录

如果 DNS 区域内有多条记录，其主机名相同但 IP 地址不同，则 DNS 服务器可以提供轮询（round-robin）功能。例如：对于 mail.abc.com 主机对应的 IP 地址为 192.168.10.10 和 192.168.10.20 的记录，当 DNS 服务器收到查询 mail.abc.com 的记录申请时，提供给第 1 个查询者的顺序是 192.168.10.10，192.168.10.20；提供给第 2 个查询者的顺序则是 192.168.10.20，192.168.10.10。

STEP 2：选中区域 abc.com 后单击鼠标右键，选择"新建别名（CNAME）命令"，输入别名记录信息，如图 3-1-15 所示。

如果需要为一台主机创建多个主机名，其中主机名与功能并不相称，可以通过创建别名实现目标。

图 3-1-15　创建别名记录

STEP 3： 选中区域 abc.com 后单击鼠标右键，选择"新建邮件交换器（MX）"命令，输入邮件交换器信息，如图 3-1-16 所示。

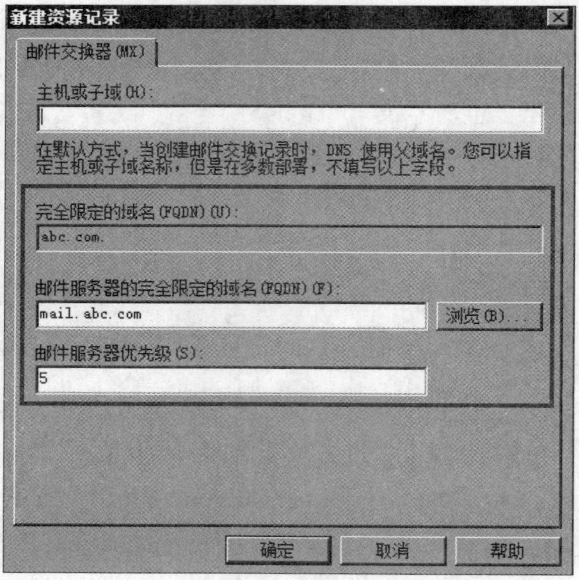

图 3-1-16　创建邮件交换器

如果此区域内有多台邮件服务器，就可以建立多条邮件交换器资源记录，并通过此处设置优先级，数字越小优先级越高，0 的优先级最高。

STEP 4： 在 Win10PC2 计算机中，对创建的资源记录信息进行测试，如图 3-1-17所示（注意：DNS 服务器的防火墙要开启）。

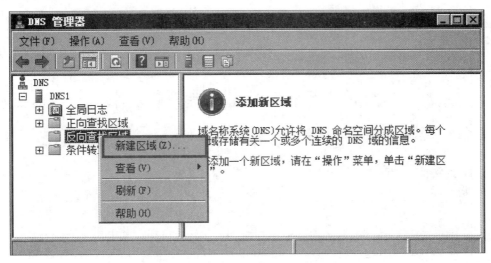

图 3-1-17　资源记录信息测试

3. 建立反向查找区域与反向查询记录

反向查找区域可以让 DNS 客户端利用 IP 地址来查询主机名。例如，DNS 客户端可以查询 192.168.10.10 这个 IP 地址的主机名。反向查找区域名称的前半段是其网络标识的反向书写，后半段则是 in-addr.arpa。例如，需要对网络标识为 192.168.10 的 IP 地址使用反向查找功能，则此反向查找区域的名称为 10.168.192.in-addr.arpa，区域文件的默认名称为 10.168.192.in-addr.arpa.dns。接下来，在之前创建完成的正向查找区域的基础上，完成反向查找区域的创建。

STEP 1： 在 DNS 服务器 DNS1 上选中"反向查找区域"节点后单击鼠标右键，选择"新建区域"命令，如图 3-1-18 所示。

图 3-1-18　新建反向查找区域

STEP 2：创建主要区域，如图 3-1-19 所示。

STEP 3：单击"IPv4 反向查找区域"单选按钮，如图 3-1-20 所示。

STEP 4：输入网络 ID，持续单击"下一步"按钮，直至完成部署，如图 3-1-21 所示。

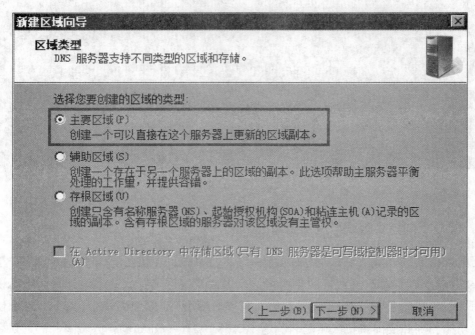

图 3-1-19　创建主要区域

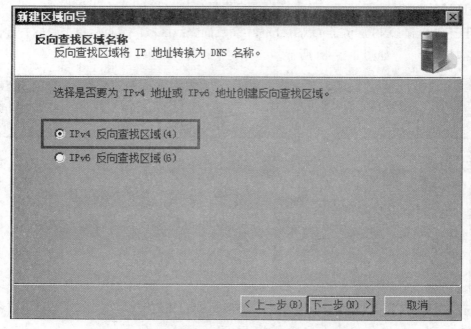

图 3-1-20　单击"IPv4 反向查找区域"单选按钮

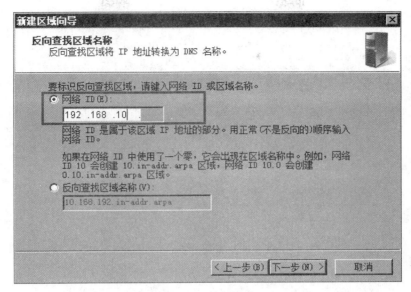

图 3-1-21　输入网络 ID

STEP 5：在反向查找区域内建立记录有两种方法。第一种，类似正向查找区域建立记录，输入主机 IP 地址与其完整的主机名（FQDN），如图 3-1-22 所示；第二种，在正向查找区域内新建主机记录的同时，勾选"更新相关的指针（PTR）记录"复选框，如图 3-1-23 所示。

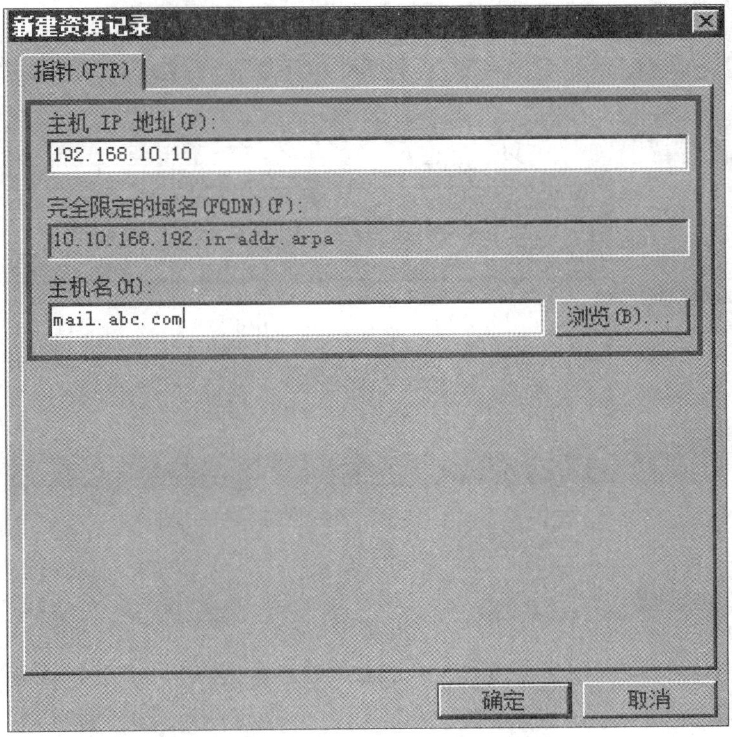

图 3-1-22　创建反向查询记录

图 3-1-23　更新相关的指针（PTR）记录

STEP 6: 创建反向查找区域结构结果如图 3-1-24 所示。

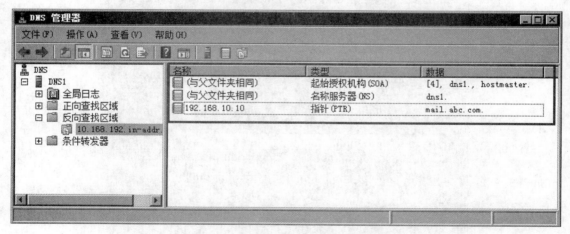

图 3-1-24　创建反向查找区域结构结果

4. 新建辅助区域

辅助区域用来存储主要区域的副本记录，这些记录是只读的，不能修改。为了学习辅助区域的部署方法，在图 3-1-2 的基础上，添加一台 DNS 服务器，如图 3-1-25 所示。

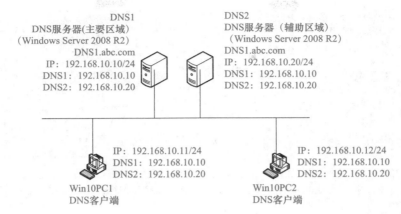

图 3-1-25 辅助区域示意

DNS2 的 DNS 区域记录通过区域传递给 DNS1。设置步骤如下。

STEP 1： 在 DNS1 的 DNS 服务器开启区域传送功能，正向查找区域和反向查找区域要分别部署，如图 3-1-26、图 3-1-27 所示。

STEP 2： DNS2 要按照图示正确设置 IP 地址，安装 DNS 服务器。在辅助区域设置中的 DNS 正向查找区域中创建辅助区域，如图 3-1-28 所示。

STEP 3： 在辅助区域设置对话框中正确输入区域名称，如图 3-1-29 所示。

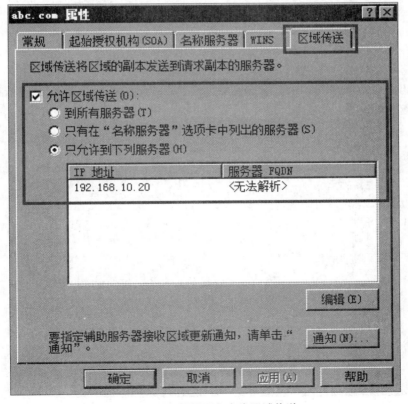

图 3-1-26 部署正向查找区域传送

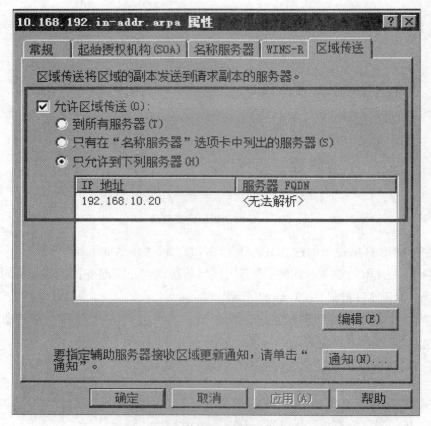

图 3-1-27　部署反向查找区域传送

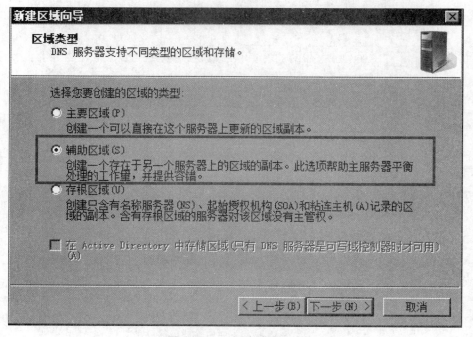

图 3-1-28　创建辅助区域

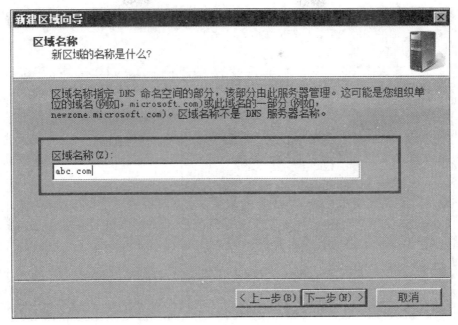

图 3-1-29　输入区域名称

STEP 4：在辅助区域设置对话框中输入主 DNS 服务器的 IP 地址，然后持续单击"下一步"按钮直至完成，如图 3-1-30 所示。

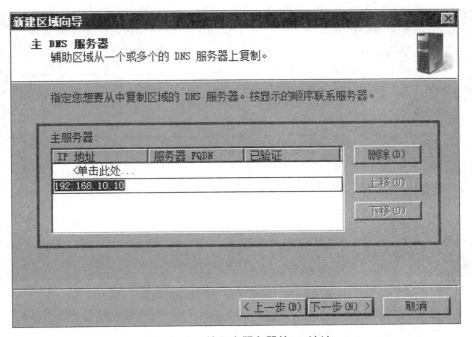

图 3-1-30　输入主服务器的 IP 地址

STEP 5：用鼠标右键单击新创建的辅助区域（abc.com）节点，选择"从主服务器传输（T）"选项，如图 3-1-31 所示。

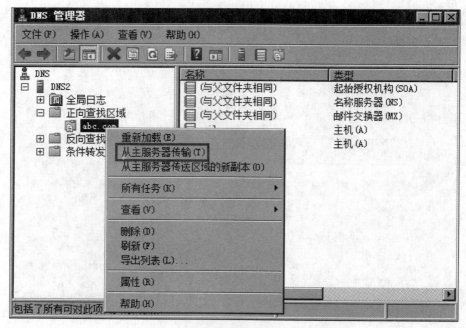

图 3-1-31　选择"从主服务器传输（T）"选项

STEP 6： 辅助区域的反向查找区域的设置过程与正向查找区域的设置过程一样。

STEP 7： 辅助区域设置完成的结果如图 3-1-32 所示。

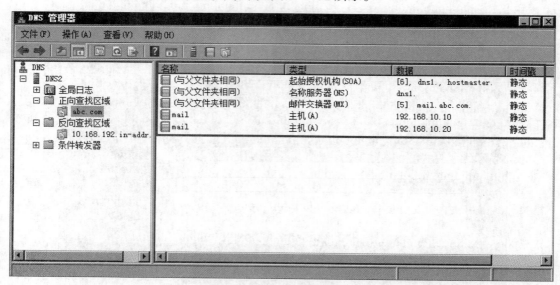

图 3-1-32　辅助区域设置完成的结果

5. 利用 nslookup 命令查看记录

nslookup 是最常用的域名解析工具，可以在命令提示符窗口中或 PowerShell 环境下执行。nslookup 的基本语法如下。

（1）语法：nslookup –qt=type domain 或 ip。

（2）选项：–qt=type，用于指定查询类型。

（3）常见类型（type）：

① A：地址记录（直接查询默认类型）；

② CNAME：别名记录（直接查询默认类型）；

③ MX：邮件交换器记录；

④ PTR：反向资源记录。

在 DNS 服务器中，应用 nslookup 进行测试的示例如下。

1）测试主机记录

```
PS C:\> nslookup mail.abc.com
        服务器：mail.abc.com
        Address: 192.168.10.10
        名称：    mail.abc.com
        Addresses: 192.168.10.20
                   192.168.10.10
```

2）测试邮件交换器记录

```
PS C:\> nslookup –qt=mx  abc.com
        服务器：mail.abc.com
        Address: 192.168.10.10
        abc.com MX preference = 5, mail exchanger = mail.abc.com
        mail.abc.com    internet address = 192.168.10.20
        mail.abc.com    internet address = 192.168.10.10
```

3）测试别名记录

```
PS C:\> nslookup pop3.abc.com
        服务器：mail.abc.com
        Address: 192.168.10.10
        名称：    mail.abc.com
        Addresses: 192.168.10.10
                   192.168.10.20
        Aliases: pop3.abc.com
```

4）测试反向资源记录

```
PS C:\> nslookup  –qt=ptr  192.168.10.10
        服务器：mail.abc.com
        Address: 192.168.10.10
        10.10.168.192.in-addr.arpa  name = mail.abc.com
```

典型案例

【例 3-1-1】（判断题）DNS 服务器的 TCP 端口号是 53。（   ）

A．正确   B．错误

【解析】本案例主要考查 DNS 服务器的基本知识，DNS 服务器默认使用的 TCP 端口号为 53。

【答案】A

【例 3-1-2】（填空题）DNS 服务器的 FQDN 是 www.xyz.com，先创建正向查找区域，其区域名称是＿＿＿＿＿＿＿，再添加主机记录。

【解析】本案例主要考查创建正向查找区域的操作技能，必须先创建 xyz.com 正向查找区域，再添加一条主机名为 www 的主机记录。

【答案】xyz．com

【例 3-1-3】（操作题）在虚拟机上，安装 DNS 服务器。在该服务器上按表 3-1-3 中的内容要求进行域名注册，并为邮件域 sun.com 创建一个邮件交换器记录，优先级别为 8，邮件服务器的域名为 mail.sun.com。分别截取正向查找区域及反向查找区域下能显示出相应记录的两个窗口。在虚拟机上使用 nslookup 命令分别按顺序测试 4 条记录（www.sun.com、ftp.sun.com、10.1.1.10 和邮件交换器）的解析结果，并截取包含命令和命令运行整体结果的窗口。

表 3-1-3   DNS 域名解析表

域名 /IP 地址	IP 地址 / 域名	记录类型
www.sun.com	10.1.1.10	主机
ftp.sun.com	10.1.1.10	别名
mail.sun.com	10.1.1.20	主机
dns.sun.com	10.1.1.10	主机
10.1.1.10	dns.sun.com	指针
10.1.1.20	mail.sun.com	指针

【解析】本案例主要考查为 DNS 服务器创建正向、反向查找区域，添加常见资源记录，设置 DNS 服务器的客户端和用 nslookup 命令测试域名的操作技能。

【参考截图】

参考截图如图 3-1-33 ～图 3-1-35 所示。

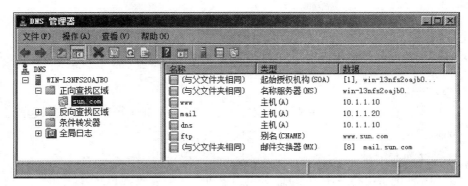

图 3-1-33　参考截图（1）

图 3-1-34　参考截图（2）

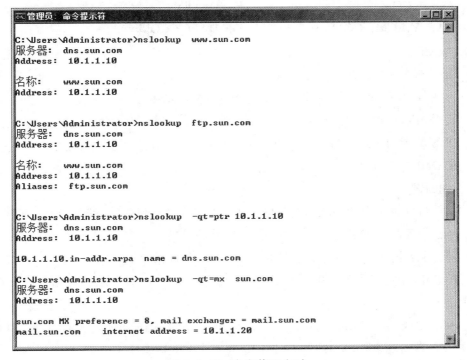

图 3-1-35　参考截图（3）

知识测评

一、选择题

1. 以下哪种记录可将一个主机名（全称域名 FQDN）和一个 IP 地址关联起来？（　　）

A. 别名记录　　　　　　　　　　B. 主机记录

C. 邮件交换器记录　　　　　　　D. 指针记录

2. 以下哪种记录可将一个 IP 地址对应到主机名（全称域名 FQDN）？（　　）

A. 别名记录　　　　　　　　　　B. 主机记录

C. 邮件交换器记录　　　　　　　D. 指针记录

3. DNS 服务器辅助区域可以对资源记录进行添加、修改操作。（　　）

A. 对

B. 错

4. Internet 中完成域名地址和 IP 地址转换的系统是（　　）。

A. POP　　　　　　　　　　　　B. DNS

C. SLIP　　　　　　　　　　　　D. Usenet

5. 如果父域的名称是 ACME.COM，子域的名称是 DAFFY，那么子域的 DNS 全名是（　　）。

A. ACME.COM　　　　　　　　　B. DAFFY

C. DAFFY.ACME.COM　　　　　　D. DAFFY.COM

二、填空题

1. DNS 的中文名称是 _____。

2. 为域名 www.sun.com 创建正向查找区域，其区域名称为_____。

3. 使用 nslookup 命令测试域名 www.sun.com，请写出具体命令：_____。

4. DNS 的查询模式有两种，分别是_____和_____。

5. 在 DNS 的记录类型中 MX 表示_____。

三、判断题

1. 在某台计算机上使用域名访问网站（在不考虑静态映射的情况下），要在该计算机上设置 DNS 服务器的 IP 地址，否则将无法访问该网站。　　　　　　　　　　（　　）

2. 创建别名记录时可以指向某个域名，也可以指向某个 IP 地址。　　　　（　　）

3. 在 DNS 中定义了不同类型的记录，但常用的不到 10 种，AAAA 用于记录 IPv4 的主机。　　　　　　　　　　　　　　　　　　　　　　　　　　　　　　（　　）

4. HOSTS 文件是一种没有扩展名的系统文件，可以用记事本等工具打开，其作用是将一些常用的网址域名与其对应的 IP 地址建立一个关联数据库。　　　　　　（　　）

5. DNS 服务器辅助区域的数据只能来自主要区域。　　　　　　　　　　（　　）

四、简答题

请写出使用 nslookup 命令测试常见的 3 种资源记录的具体命令。

五、操作题

在 Windows Server 2008 R2 虚拟机上安装 DNS 服务器。在该服务器上按表 3-1-4 中的内容要求进行域名注册。设置完成后，分别截取正向查找区域和反向查找区域的域名记录完整信息的窗口，并使用 nslookup 命令测试表 3-1-4 中 3 个资源记录的解析结果，截取包含命令和命令运行整体结果的窗口。

表 3-1-4　DNS 域名解析表

域名 /IP 地址	IP 地址 / 域名	记录类型
ftp.skills.net	172.16.5.10	主机
www.skills.net	ftp.skills.net	别名
172.16.5.10	ftp.skills.net	指针

3.2 DHCP 服务器安装与部署

学习目标

● 掌握 DHCP 的基础理论知识。
● 掌握安装 DHCP 服务器的操作方法。
● 掌握创建作用域和设置保留地址的操作方法。

内容梳理

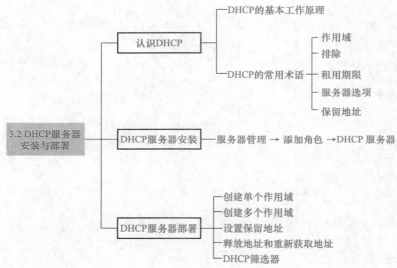

知识概要

　　DHCP（Dynamic Host Configuration Protocol，动态主机配置协议）可以对网络中的 IP 地址进行集中管理，这样就避免了地址冲突并减少了的工作量。DHCP 服务器拥有一个 IP 地址池，任何启用 DHCP 的客户机登录网络时，可从 IP 地址池中租用一个 IP 地址。因为 IP 地址是动态的，而不是静态的永久分配，不使用的 IP 地址就自动返回 IP 地址池以供再分配。DHCP 广泛应用在服务器、交换机、路由器、防火墙等设备中。例如，家庭用户所安装的无线路由器就默认开启了 DHCP，这样可以方便为家庭计算机、手机等终端提供 IP 地址配置服务，方便用户连接互联网。为了更好地学习 DHCP，接下来对 DHCP 的概念、DHCP 的基本工作原理等知识内容进行详细介绍。

1. 认识 DHCP

DHCP 的功能是为客户机自动分配 IP 地址等 TCP/IP 属性。

1）DHCP 的基本工作原理

DHCP 服务采用客户端 / 服务器模式（C/S），DHCP 采用 UDP 作为传输协议，DHCP 客户端发送请求消息到 DHCP 服务器的 68 号端口，DHCP 服务器回复应答消息给 DHCP 客户端的 67 号端口。详细的交互过程如图 3-2-1 所示。

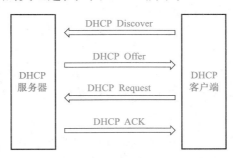

图 3-2-1　DHCP 的基本工作原理

DHCP 客户端启动或重启后，将自动向所在网络发送 DHCP Discover（发现）广播包寻找 DHCP 服务器，DHCP 服务器收到该广播包后，将向 DHCP 客户端发送 DHCP Offer（提供）广播包，告诉 DHCP 客户端可以提供 IP 地址租用服务；DHCP 客户端收到 DHCP 服务器的响应后，会自动选择最先响应它的 DHCP 服务器并给它发送 DHCP Request（选择）广播包，DHCP 服务器收到 DHCP 客户端的 DHCP Request 广播包后，会给 DHCP 客户端发送 DHCP ACK（确认）广播包，DHCP 客户端收到 DHCP ACK 广播包后，开始初始化 TCP/IP 属性，真正设置了 IP 地址、网关、DNS 服务器地址等，才能够与其他计算机进行正常通信。

2）DHCP 的常用术语

（1）作用域。

作用域是指指派给 DHCP 客户端的 IP 地址范围。DHCP 服务器可以创建一个或多个作用域，一个作用域为一个网段 IP 地址范围，不允许创建两个相同网段的作用域。可以将多个作用域组成一个超级作用域。

①单个作用域：DHCP 服务器只提供一个网段地址分配服务，如图 3-2-2 所示。

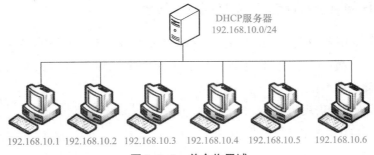

图 3-2-2　单个作用域

②多个作用域：DHCP 服务器可以同时给多个网段分配地址，如图 3-2-3 所示。

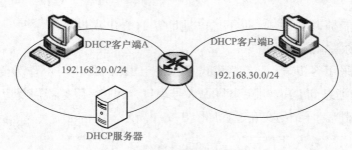

图 3-2-3　多个作用域

（2）排除。

排除是指 DHCP 服务器不分配的 IP 地址或地址范围。

（3）租用期限。

租用期限指定一个客户端在作用域中使用 IP 地址的时间长短。一般根据使用场景来设置租用期限，在咖啡厅、餐厅等移动性很强的场景中，租用期限应设置为较短时间，如 2 个小时左右；对于长期不动终端，租用期限则应设置为较长时间，如 200 天。租用期限最长为 999 天 23 小时 59 分钟。

（4）作用域选项和服务器选项。

DHCP 客户端除了从 DHCP 服务器中获取 IP 地址外，还必须通过 DHCP 服务器指定默认网关和 DNS 服务器的 IP 地址，因此，DHCP 服务器在创建作用域时必须通过作用域选项设置默认网关和 DNS 服务器的 IP 地址，才能使 DHCP 客户端正常通信。作用域选项与服务器选项的区别在于它们的应用范围不同。作用域选项只应用于本作用域，不会影响其他作用域；服务器选项则应用于本台服务器的所有作用域。

在一般情况下，设置 DNS 服务器的 IP 地址使用服务器选项，而设置默认网关则使用作用域选项。

（5）保留地址。

保留地址可以将特定 IP 地址与 DHCP 客户端指定网卡的 MAC 地址绑定，从而使 DHCP 客户端被分配到一个"固定不变"的 IP 地址。

2. DHCP 服务器安装与 DHCP 客户端设置

DHCP 服务采用客户端 / 服务器模式（C/S），要成为一台 DHCP 服务器必须满足两个条件：一是手工设置一个静态 IP 地址，二是安装 DHCP 服务器软件包。DHCP 客户端的 IP 地址必须是动态获取的。

1）DHCP 服务器安装

STEP 1：为 DHCP 服务器设置 IP 地址，如 192.168.1.1/24，网关为 192.168.1.254。

STEP 2：单击"开始"菜单，选择"管理工具"→"服务器管理器"选项，出现"服务器管理器"窗口，单击窗口左栏的"角色"节点，再单击窗口右栏的"添加角色"按钮，出现"添加角色向导"对话框，单击"下一步"按钮。

STEP 3：勾选"DHCP 服务器"复选框，如图 3-2-4 所示，单击"下一步"按钮。

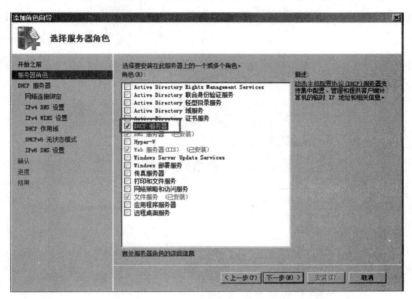

图 3-2-4　"添加角色向导"对话框（1）

STEP 4：出现 DHCP 服务器设置、网络连接绑定、IPv4 DNS 设置、IPv4 WINS 设置、DHCP 作用域等的设置界面，均默认单击"下一步"按钮，出现 DHCPv6 无状态模式设置界面，单击"对此服务器禁用 DHCPv6 无状态模式（D）"单选按钮，如图 3-2-5 所示，再单击"下一步"按钮。

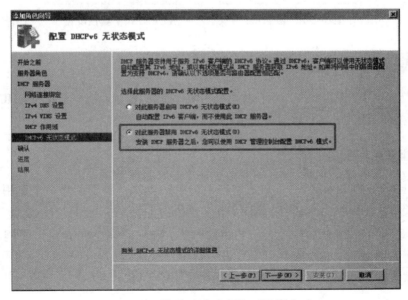

图 3-2-5　"添加角色向导"对话框（2）

STEP 5：出现"确认安装选择"对话框，单击"安装"按钮，安装结束后，单击"关闭"按钮即可。

2）DHCP 客户端设置

任何计算机、手机、平板电脑等都可以作为 DHCP 客户端，以使用 Windows 10 操作系统的计算机为例，设置其作为 DHCP 客户端，只需将网卡的本地连接的 Internet 协议版本 4（TCP/IPv4）属性设置为"自动获得 IP 地址"和"自动获得 DNS 服务器地址"即可，如图 3-2-6 所示。

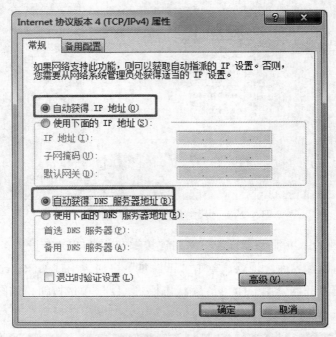

图 3-2-6　Internet 协议版本 4（TCP/IPv4）属性设置

应知应会

DHCP 服务器安装完毕后，必须创建作用域（提供 IP 地址池）才可为 DHCP 客户端自动分配 IP 地址。下面介绍如何创建作用域。

1. 创建单个作用域

假设有一台 DHCP 服务器的 IP 地址为 192.168.1.1/24，要求创建一个作用域，名称为 OfficeA，提供 192.168.1.0/24 网段全部地址，网关为 192.168.1.254，DNS 服务器的 IP 地址为 8.8.8.8，租用期限为 300 天，请为 DHCP 客户端自动分配 IP 地址、子网掩码、默认网关和 DNS 服务器的 IP 地址。

1）拓扑结构

拓扑结构如图 3-2-7 所示。

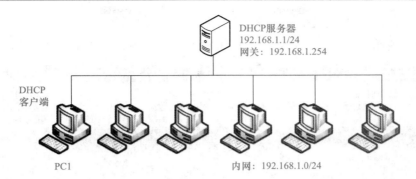

图 3-2-7 拓扑结构

创建作用域的具体操作步骤如下。

2）DHCP 服务器设置

STEP 1：单击"开始"菜单，选择"管理工具"→"DHCP"选项，出现 DHCP 管理器窗口。单击窗口左栏本地 DHCP 服务器的"+号"，选择"IPv4"节点，如图 3-2-8 所示。

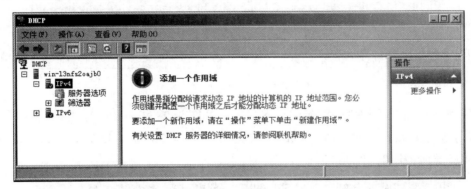

图 3-2-8 创建作用域（1）

STEP 2：单击"操作"菜单，选择"新建作用域"命令，出现"新建作用域向导"对话框，单击"下一步"按钮，出现作用域名称设置界面，如图 3-2-9 所示，输入相应内容，单击"下一步"按钮。

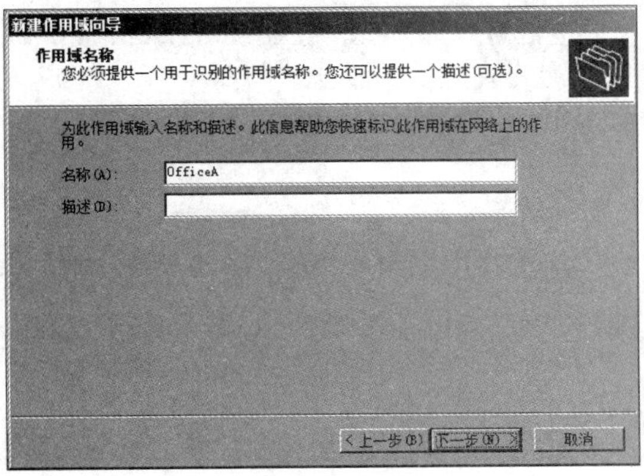

图 3-2-9 创建作用域（2）

STEP 3：出现 IP 地址范围设置界面，如图 3-2-10 所示，输入相应内容，单击"下一步"按钮。说明：192.168.1.0/24 网段的全部 IP 地址范围为 192.168.1.1 ～ 192.168.1.254。

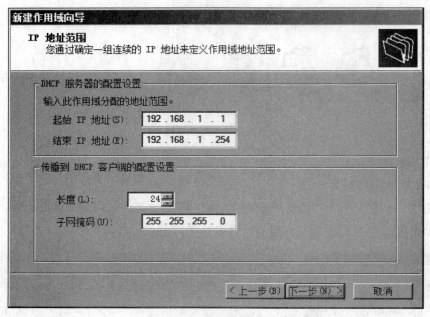

图 3-2-10 创建作用域（3）

STEP 4：出现添加排除和延迟设置界面，如图 3-2-11 所示，输入相应内容，单击"下一步"按钮。说明：如果作用域的 IP 地址范围为整个网段，则需要排除默认网关和 DHCP 服务器所占用的 IP 地址。

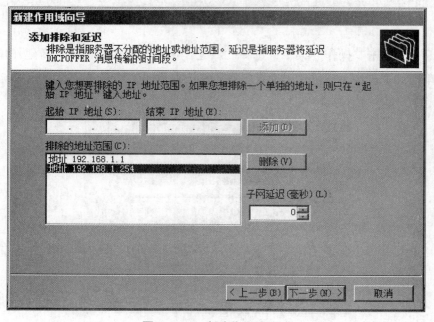

图 3-2-11 创建作用域（4）

STEP 5：出现租用期限设置界面，如图 3-2-12 所示，输入相应内容，单击"下一步"按钮。

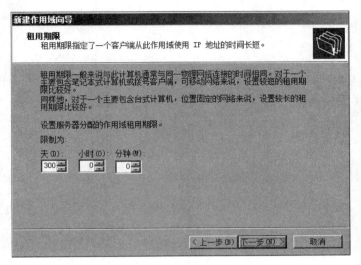

图 3-2-12　创建作用域（5）

STEP 6：出现配置 DHCP 选项设置界面，如图 3-2-13 所示，单击"是，我想现在配置这些选项"单选按钮，再单击"下一步"按钮。

STEP 7：出现路由器（默认网关）设置界面，如图 3-2-14 所示，输入相应内容，单击"下一步"按钮。

STEP 8：出现域名称和 DNS 服务器设置界面，如图 3-2-15 所示，输入相应内容，单击"下一步"按钮。注意：在"IP 地址"框中输入"8.8.8.8"，单击"添加"按钮时，出现"DNS 验证"提示对话框，等待一会儿，将出现"IP 地址 8.8.8.8 不是有效的 DNS 地址，是否仍然要添加该地址？"警告对话框，单击"是"按钮即可。

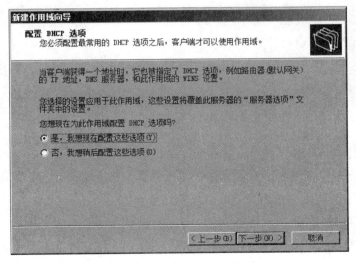

图 3-2-13　创建作用域（6）

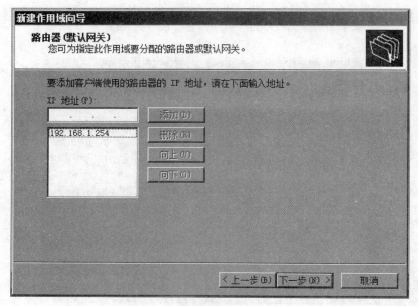

图 3-2-14　创建作用域（7）

图 3-2-15　创建作用域（8）

STEP 9： 出现 WINS 服务器设置界面，选择默认设置，单击"下一步"按钮。

STEP 10： 出现作用域激活设置界面，单击"是，我想现在激活此作用域"单选按钮，再单击"下一步"按钮，并单击"完成"按钮即可。

3）DHCP 客户端设置

STEP 11： 启动 PC1 计算机作为 DHCP 客户端，网卡的本地连接的 Internet 协议版本 4（TCP/IPv4）属性设置为"自动获得 IP 地址"和"自动获得 DNS 服务器 IP 地址"。打开命令提示符窗口，输入"ipconfig /all"，结果如图 3-2-16 所示。

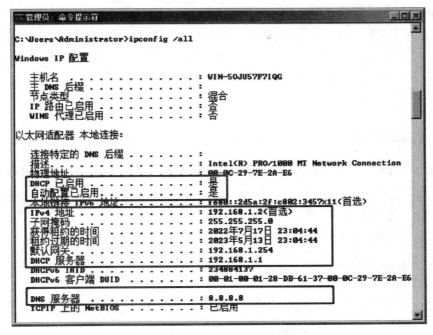

图 3-2-16   查看 IP 配置

说明：DHCP 客户端通过 ipconfig /all 命令可以查看是否获得 IP 地址，从图 3-2-16
中的"DHCP 服务器"可以查看该 DHCP 服务器的 IP 地址，从"DHCP 已启用"和"自
动配置已启用"两项可以查看该 DHCP 客户端是启用 DHCP 自动获得 IP 地址，从"IPv4
地址""子网掩码"和"DNS 服务器"可以查看是否已经正确获得相关设置。如果 DHCP
客户端没有找到 DHCP 服务器或者 DHCP 服务器死机，则 DHCP 客户端将获得一个
169.254.0.0/16 的 IP 地址。

2. 创建多个作用域

DHCP 服务器不仅可以给一个网段分配 IP 地址，它还可以同时给多个网段分配
IP 地址，这时就涉及创建多个作用域。如图 3-2-3 所示，1 台 DHCP 服务器同时给
192.168.20.0/24 和 192.168.30.0/24 两个网段提供 IP 地址分配服务。这里创建多个作用域
的操作步骤与创建单个作用域的操作步骤是一样的，不再重复介绍。

不过，需要注意的是，作用域选项设置与 DHCP 服务器选项设置的区别。在一般情
况下，1 个网段必须有 1 个默认网关，作用域选项只在本作用域内有效，因此，默认网关
必须在作用域选项中设置。而对于 DHCP 客户端的 DNS 服务器 IP 地址，一般是一个单位
或整个地区设置同一个 DNS 服务器 IP 地址，因此，它既可以在作用域选项中设置，也可
以在 DHCP 服务器选项中设置。只不过如果在作用域选项中设置，有多少个作用域，就
必须设置多少次 DNS 服务器 IP 地址，而如果在 DHCP 服务器选项中设置的话，不管有多

少个作用域，只要设置 1 次 DNS 服务器 IP 地址，即可在整个 DHCP 服务器的所有作用域中生效，这样就可以减轻管理员的工作负担。

当作用域选项与 DHCP 服务器选项的设置产生冲突时，如 DHCP 服务器选项中设置 DNS 服务器 IP 地址为 8.8.8.8，而作用域选项中设置 DNS 服务器 IP 地址为 114.114.114.114，那么，最终作用域选项的设置生效，即 DNS 服务器 IP 地址最终为 114.114.114.114。

3. 设置保留地址

如果在由 DHCP 服务器提供 IP 地址分配的网络中，有某台 DHCP 客户端需要作为 DHCP 服务器给其他计算机提供某种服务，这时，它就需要一个"固定的 IP 地址"才能方便提供服务，这就涉及 DHCP 服务的"保留地址"设置。

在"创建单个作用域"实例的基础上，假设要为客户端 PC1 分配一个固定的 IP 地址 192.168.1.66/24，该客户端网卡的 MAC 地址为 50-7B-9D-71-D3-26，并能够正常与其他计算机通信。具体操作步骤如下。

打开 DHCP 管理器窗口。选中窗口左栏的"保留"节点并单击鼠标右键，在快捷菜单中选择"新建保留"命令，输入相应内容，如图 3-2-17 所示，单击"添加"按钮，并单击"关闭"按钮即可。

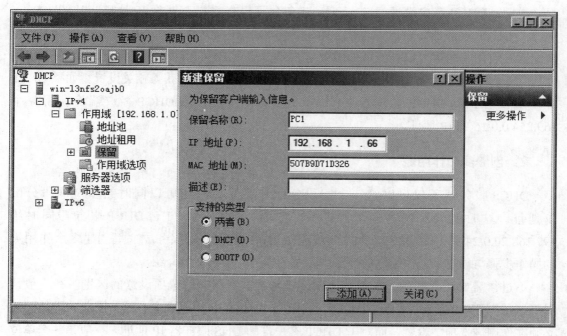

图 3-2-17 创建保留地址

为客户端 PC1 添加保留地址的结果,具体如图 3-2-18 所示。

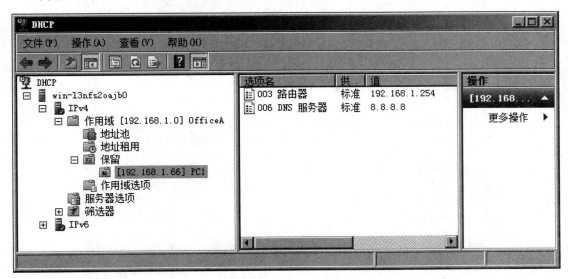

图 3-2-18 保留地址

4. 释放地址和重新获取地址

DHCP 客户端在开机后会自动向 DHCP 服务器申请租用 IP 地址,如果以前获得的 IP 地址被占用,则会重新获取另一个未被占用的 IP 地址,以保持客户端能够正常通信。DHCP 客户端也可以手工释放 IP 地址,再重新获取地址,可以通过 ipconfig 命令加选项现实,具体命令如下。

(1)ipconfig /release,为释放现有的 IP 地址。

(2)ipconfig /renew,为向 DHCP 服务器发出请求,并租用一个 IP 地址,但是在一般情况下使用 ipconfig/renew 获得的 IP 地址和之前的 IP 地址一样,只有在原有的 IP 地址被占用的情况下才会获得一个新的地址。

在一般情况下,这两个参数是一起使用的。

【例 3-2-1】 使用 VMware 虚拟机软件,模拟 DHCP 服务器释放 IP 地址和重新获取 IP 地址的过程。

【解析】VMware 虚拟机软件提供了两张虚拟网卡,通过虚拟网络编辑器设置 VMnet1(仅主机模式)和 VMnet8(NAT 模式)的 DHCP 服务来模拟释放 IP 地址和重新获取 IP 地址,不用再另外搭建一台 DHCP 服务器,如图 3-2-19 所示。

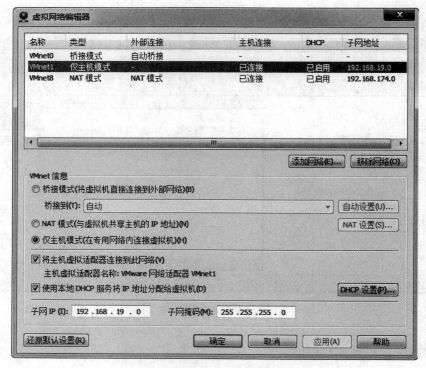

图 3-2-19　虚拟网络编辑器

具体操作如下。

STEP 1: 将 1 台 Win2008R2 虚拟机（DHCP 客户端）的"网络连接"方式设置为"仅主机模式"，并将网卡的 TCP/IPv4 属性设置为"自动获得 IP 地址"和"自动获得 DNS 服务器 IP 地址"。打开命令提示符窗口，输入"ipconfig /all"，结果如图 3-2-20 所示。

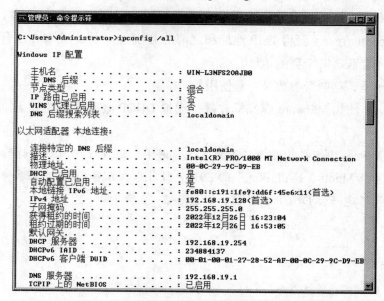

图 3-2-20　查看 IP 配置

STEP 2：在命令提示符窗口中，输入"ipconfig /release"（释放 IP 地址）和"ipconfig /renew"（重新获取 IP 地址），执行结果如图 3-2-21 所示。

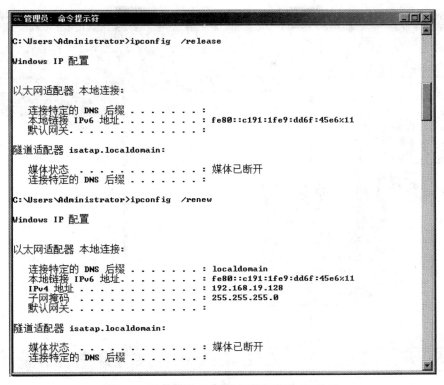

图 3-2-21　释放 IP 地址与重新获取 IP 地址

5. DHCP 筛选器

DHCP 筛选器可根据网卡的 MAC 地址对颁发或拒绝 DHCP IP 地址租约进行网络访问控制。可以为整个 IPv4 作用域的所有客户端在 IPv4 节点配置链路层筛选。此功能当前只可用于 IPv4 网络。

1）启用 MAC 地址筛选的步骤

（1）操作方法 1。

STEP 1：打开 DHCP Microsoft 管理控制台（MMC）管理单元。

STEP 2：在控制台树中，双击要配置的 DHCP 服务器，再用鼠标右键单击"IPv4"节点，然后选择"属性"选项。

STEP 3：单击"筛选器"按钮，然后勾选"启用允许列表"或"启用拒绝列表"复选框。

（2）操作方法 2。

STEP 1：打开 DHCP Microsoft 管理控制台（MMC）管理单元。

STEP 2：在控制台树中，双击要配置的 DHCP 服务器，选择"IPv4"→"筛选器"

节点，再选择"允许"或"拒绝"节点并单击鼠标右键，在快捷菜单中选择"启用"选项即可，如图 3-2-22 所示。

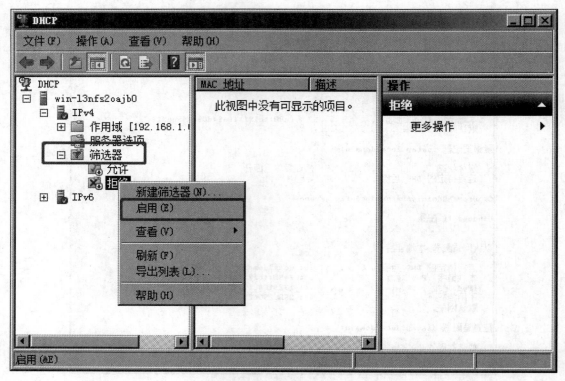

图 3-2-22　筛选器启用设置

2）设置新筛选器的步骤

STEP 1： 打开 DHCP Microsoft 管理控制台（MMC）管理单元，在控制台树中，双击适用的 DHCP 服务器，展开"IPv4"→"筛选器"节点，然后用鼠标右键单击"允许"或"拒绝"节点。

STEP 2： 单击"新建筛选器"按钮，然后输入"MAC 地址"和"描述"。"描述"是可选字段。

说明：MAC 地址可以是完整的地址，也可以是 MAC 地址模式（通配符）。以下是有效的 MAC 地址通配符：

00-1C-23-*-*-*

00-1C-23-20-AF-*

00-1C-23-20-*-*

001C2320AF4E

001C*

注意：拒绝筛选器将取代允许筛选器。

典型案例

【案例 3-2-1】（判断题）在 DHCP 服务器中，一个作用域为一个网段，不允许创建两个相同网段的作用域。（　　）

A．正确　　　　　　　　　　　　B．错误

【解析】本案例主要考查 DHCP 服务器创建作用域的相关知识，DHCP 服务器可以创建多个作用域，一个作用域为一个网段，不允许两个作用域使用相同的网段。

【答案】A

【案例 3-2-2】（填空题）DHCP 是 Dynamic Host Configuration Protocol 的缩写，中文名称为_____。

【解析】本案例主要考查 DHCP 的中文名称。

【答案】动态主机配置协议

【案例 3-2-3】（多选题）在 DHCP 的地址租用过程中，DHCP 服务器发给 DHCP 客户端哪些报文？（　　）

A．DHCP Discover

B．DHCP Offer

C．DHCP Request

D．DHCP ACK

【解析】本案例主要考查 DHCP 的基本工作原理，DHCP 服务采用 C/S 模式，在 IP 地址租用过程中 DHCP 客户端与 DHCP 服务器一共涉及 4 个广播包，按顺序分别为 DHCP Discover、DHCP Offer、DHCP Request 和 DHCP ACK。

【答案】BD

知识测评

一、选择题

1．DHCP 客户端不能从 DHCP 服务器自动获取（　　）参数。

A．IP 地址　　　　　　　　　　　B．计算机名

C．子网掩码　　　　　　　　　　D．默认网关

2．以下哪个不是 DHCP 服务器和 DHCP 客户端之间发送的广播包？（　　）

A．DHCP Discover　　　　　　　B．DHCP Offer

C．DHCP Request　　　　　　　　D．DHCP Updata

3．动态主机配置协议的英文缩写是（　　）。

A．Web　　　　　　　　　　　　B．DNS

C．DHCP   D．FTP

4．进行 DHCP 设置时必须首先设置（　　）。

A．属性   B．作用域

C．Web   D．DNS

5．如果一个 DHCP 客户端找不到 DHCP 服务器，那么它会给自己临时分配一个网络 ID 号为（　　）的 IP 地址。

A．131.107.0.0   B．127.0.0.0

C．169.254.0.0   D．10.0.0.0

二、填空题

1．作用域是指派给 DHCP 客户端的_____。

2．DHCP 服务采用_____模式，其功能主要是给 DHCP 客户端自动分配 IP 地址等 TCP/IP 属性。

3．查看 DHCP 客户端是从哪台 DHCP 服务器获得 IP 地址的，可以使用_____命令。

4．如果在 DHCP 客户端手工释放 IP 地址，则在命令提示符窗口中应该输入_____。

5．（术语解释）_____指定一个 DHCP 客户端在作用域中使用 IP 地址的时间长短。

三、判断题

1．DHCP 是动态主机配置协议，它可以提升 IP 地址的使用效率。　　　　　　（　　）

2．安装 DHCP 服务器时，首先需要手动设置 DHCP 服务器的 IP 地址。　　　（　　）

3．在 DHCP 服务器中，新建筛选器时指定 MAC 地址必须填写完整，不能使用通配符。　　　　　　　　　　　　　　　　　　　　　　　　　　　　　　　　（　　）

4．在 DHCP 服务器中，筛选器可以启用允许或拒绝列表，控制 DHCP 客户端获得 IP 地址。　　　　　　　　　　　　　　　　　　　　　　　　　　　　　　　　（　　）

5．创建某个作用域时，默认网关既可设置在作用域选项中，也可设置在服务器选项中。　　　　　　　　　　　　　　　　　　　　　　　　　　　　　　　　　（　　）

四、操作题

在虚拟机上设置 IP 地址为 172.18.1.10/24，默认网关为 172.18.1.100，请安装 DHCP 服务器，创建一个作用域，作用域名称为 net，作用域的 IP 地址范围为 172.18.1.1 ～ 172.18.1.200，子网掩码为 255.255.255.0，DNS 服务器 IP 地址为 114.114.114.114，租用期限为 10 天；用于给内网的 DHCP 客户端分配 IP 地址、子网掩码、默认网关及 DNS 服务器 IP 地址。设置完成后，分别截取作用域 net 下能显示出 IP 地址池、作用域选项等两个完整信息的窗口，以及作用域 net 的属性窗口。

3.3 Web、FTP 服务器安装与部署

学习目标

● 掌握 Web、FTP 的基础理论知识。

● 掌握安装 Web、FTP 服务器的操作方法。

● 掌握添加、删除、修改、管理站点的操作方法。

● 掌握部署 Web、FTP 服务器的操作方法。

内容梳理

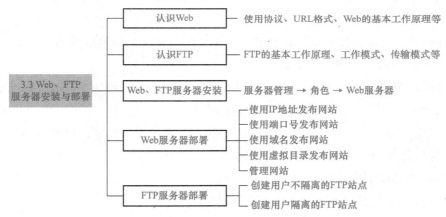

知识概要

Web（World Wide Wed，万维网）是 Internet 中应用最为广泛的一种服务，它为浏览者在 Internet 上查找和浏览信息提供了图形化的、易于访问的直观界面，其中的文档及超级链接将 Internet 上的信息节点组织成一个互为关联的网状结构。随着网络技术与经济的快速发展，Web 由 Web1.0 发展到 Web2.0、Web3.0，日常人们使用手机浏览网站、进行网络购物等均是 Web 服务的应用。

FTP 是 File Transfer Protocol（文件传输协议）的英文简称，用于 Internet 上文件的双向传输。同时，它也是一个应用程序（Application）。用户可以通过 FTP 把自己的 PC 与世界各地所有运行 FTP 的服务器连接，访问 FTP 服务器上的大量资源。随着网络的快速发展，现在 FTP 服务已经逐渐被网络云盘（如百度网盘、阿里云盘等）代替。

为了更好地学习 Web 和 FTP，接下来对 Web、FTP 的概念、基本工作原理等知识内

容进行详细介绍。

1. 认识 Web

Web 是一种基于超文本和 HTTP 的、全球性的、动态交互的、跨平台的分布式图形信息系统。

1）Web 服务器

Web 服务器也称为网站服务器，其主要功能是提供网上信息浏览服务。它默认采用 TCP 80 端口对外提供服务。Web 服务器采用客户端/服务器模式（C/S），一般 Web 服务器的客户端采用浏览器访问，因此，其模式也可以称为浏览器/服务器模式（B/S）。

2）Web 使用的协议

Web 使用 HTTP（超文本传输协议）和 HTTPS（超文本传输安全协议，即 HTTP+SSL）。

3）Web 服务的 URL 格式

（1）http:// 域名（或 ip 地址）[：端口号]/路径/文件名[?变量=值]。

（2）https:// 域名（或 ip 地址）[：端口号]/路径/文件名[?变量=值]。

4）常用的 Web 服务器

常用的 Web 服务器有 Windows 操作系统的 IIS，Linux 操作系统的 Apache、Nginx 等。

5）Web 相关常识：网站和主页

（1）网站（Website）：是指在 Internet 上根据一定的规则，使用 HTML（标准通用标记语言）等工具制作的用于展示特定内容的相关网页的集合。

（2）主页（home page）：也称为首页，是用户打开浏览器时默认打开的网页，大多数首页的文件名是 index、default 等加上扩展名。

6）Web 的基本工作原理

Web 的基本工作原理如图 3-3-1 所示。

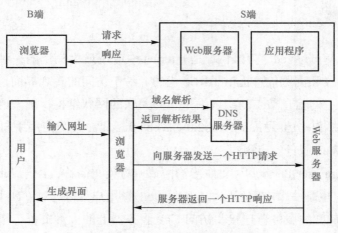

图 3-3-1　Web 的基本工作原理

当用户在浏览器中输入某个网址时，该网址经过 DNS 服务器域名解析后，访问指定的 Web 服务器，向该 Web 服务器发送一个 HTTP 请求，Web 服务器收到 HTTP 请求后，根据该请求执行指定网站的应用程序，并将执行结果作为 HTTP 响应返回给浏览器。

2. 认识 FTP

1）FTP 的基本工作原理

FTP 服务器采用客户端 / 服务器模式（C/S）。简单地说，用户通过一个支持 FTP 的客户端程序，连接到远程主机上的 FTP 服务器程序。通过客户端程序向服务器程序发出命令，服务器程序执行客户端程序所发出的命令，并将执行的结果返回到客户端，如图 3-3-2 所示。

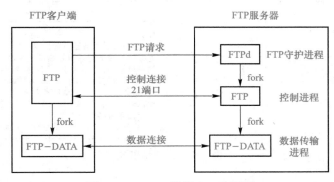

图 3-3-2　FTP 的基本工作原理

（1）FTP 服务器运行 FTPd 守护进程，等待客户端的 FTP 请求。

（2）客户端运行 FTP 命令，请求 FTP 服务器为其服务，例如：FTP 192.168.1.10。

（3）FTPd 守护进程收到客户端的 FTP 请求后，派生子进程 FTP 与客户端进程 FTP 交互，建立文件传输控制连接，使用 TCP 端口 21。

（4）客户端输入 FTP 子命令，FTP 服务器接收子命令，如果命令正确，则双方各派生一个数据传输进程 FTP-DATA，建立数据连接，使用 TCP 端口 20 或者端口号大于 1024 的端口（视 FTP 的工作模式而定）进行数据传输。

（5）本次子命令的数据传输完，拆除数据连接，结束 FTP-DATA 进程。

（6）客户端继续输入 FTP 子命令，重复（4）、（5）的过程，直至客户端输入 quit 命令，双方拆除文件传输控制连接，结束文件传输，FTP 进程结束。

2）FTP 的工作模式

FTP 有两种工作模式，分别为主动模式和被动模式。一般 FTP 服务器处于被动模式，以避免客户端设置防火墙导致无法建立数据连接，即无法传输数据。

（1）主动模式如图 3-3-3 所示。

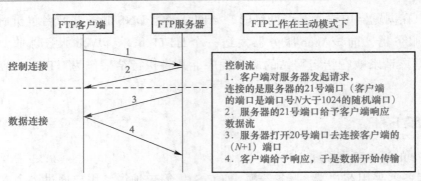

图 3-3-3　主动模式

（2）被动模式如图 3-3-4 所示。

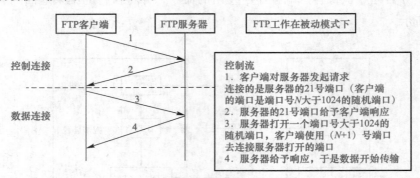

图 3-3-4　被动模式

3）FTP 的传输方式

（1）ASCII 传输方式。

ASCII 传输方式用于传输文本文件。当传输文件时 FTP 通常会自动地调整文件的内容以便于把文件解释成另外那台计算机存储文本文件的格式。

（2）二进制（binary）传输方式。

二进制传输方式用于传输二进制文件，如软件、应用程序等。在二进制传输方式下，保存文件的位序，以便原始数据和复制数据的是逐位对应的。如果在 ASCII 传输方式下传输二进制文件，即使不需要仍会转译，接收后的二进制文件将不能使用，因为该文件已损坏。

注意：一般来说，最好使用二进制传输方式，这样可以保证不出错。

4）FTP 服务的 URL 格式

ftp://［username：password@］ftp 服务器 IP 地址或域名［：端口］/［路径/文件名］

示例如下。

FTP 地址 1：ftp://ftp1:123456@192.168.6.199:2100/pub。

FTP 地址 2：ftp://www.fj.com:99/test/test.txt。

FTP 地址 3：ftp://192.168.6.199。

5）常用的 FTP 服务器

（1）Windows 操作系统：IIS FTP。

（2）Linux 操作系统：vsftpd。

（3）第三方软件：Server-U 等。

6）常用的 FTP 客户端

（1）FTP 客户端软件：FileZilla、FireFTP、CuteFTP 等。

（2）Windows、Linux 操作系统自带的 FTP 客户端程序。

说明：Windows 操作系统的资源管理器和常用网页浏览器也可以作为 FTP 客户端使用。

3. Web 服务器安装

操作步骤如下。

STEP 1：单击"开始"菜单，选择"管理工具"→"服务器管理器"选项，出现服务器管理器窗口，单击窗口左栏的"角色"节点，再单击窗口右栏的"添加角色"按钮，出现"添加角色向导"对话框，单击"下一步"按钮。

STEP 2：勾选"Web 服务器（IIS）"复选框，如图 3-3-5 所示，单击"下一步"按钮。

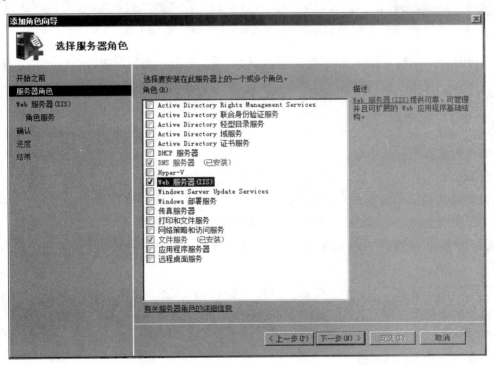

图 3-3-5　"添加角色向导"对话框（1）

STEP 3：单击"下一步"按钮，出现"选择角色服务"界面，如图 3-3-6 所示，根据实际需要选择相应角色服务，此处使用默认设置，单击"下一步"按钮。

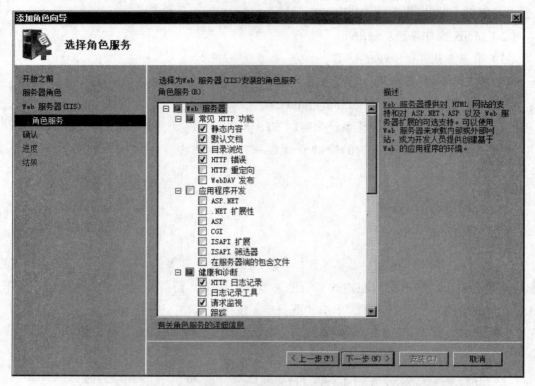

图 3-3-6 "添加角色向导"对话框（2）

STEP 4：出现"确认安装选择"提示对话框，单击"安装"按钮进行安装，安装完毕后，单击"关闭"按钮即可。

4. FTP 服务器安装

操作步骤如下。

STEP 1：单击"开始"菜单，选择"管理工具"→"服务器管理器"选项，出现服务器管理器窗口，单击窗口左栏的"角色"节点，再单击窗口右栏的"添加角色"按钮，出现"添加角色向导"对话框，单击"下一步"按钮。

STEP 2：勾选"Web 服务器（IIS）"复选框，如图 3-3-5 所示，单击"下一步"按钮。

STEP 3：单击"下一步"按钮，出现"选择角色服务"界面，如图 3-3-7 所示，拖动垂直滚动条至最底端，勾选"FTP 服务器"复选框，单击"下一步"按钮。

STEP 4：出现"确认安装选择"提示对话框，单击"安装"按钮进行安装，安装完毕后，单击"关闭"按钮即可。

注意：如果已经安装 Web 服务器，可以采用添加 Web 服务器角色组件的操作方法安装 FTP 服务器。

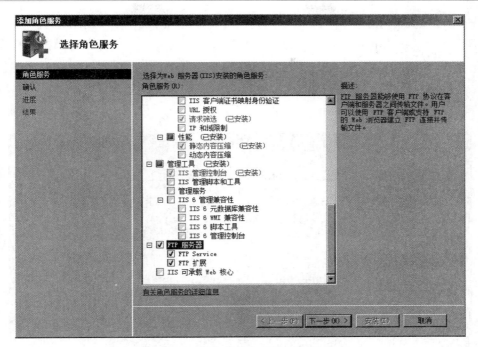

图 3-3-7 "添加角色向导"对话框（3）

 应知应会

1. Web 服务器部署

在一个 Web 服务器上可以有多个 Web 网站，可以采取以下 4 种方法中的任意一种来发布 Web 网站。

（1）不同的 Web 网站使用不同的 IP 地址发布。

（2）不同的 Web 网站使用不同的端口号发布。

（3）不同的 Web 网站使用不同的主机名（域名）发布。

（4）不同的 Web 网站使用虚拟目录作为某个网站的子站发布。

1）使用 IP 地址发布网站

使用 IP 地址发布网站，可以使用单个 IP 地址发布多个网站，也可以使用多个 IP 地址发布多个网站，但是，由于 IP 地址属于紧缺资源，所以，一般使用单个 IP 地址发布多个网站。

准备工作如下。

（1）设置 Web 服务器 IP 地址，如：192.168.1.10/24。

（2）创建 1 个网站，可用以下命令进行创建网站。

```
C:\Users\Administrator>mkdir  \web1

C:\Users\Administrator>echo  test  web1 >\web1\index.html
```

具体操作步骤如下。

STEP 1：在"Internet 信息服务（IIS）管理器"窗口中用鼠标右键单击窗口左栏的"网站"节点，在快捷菜单中选择"添加网站"命令，出现"添加网站"对话框，如图 3-3-8 所示，输入相应内容，单击"确定"按钮。出现重复绑定提示对话框，单击"是"按钮即可。

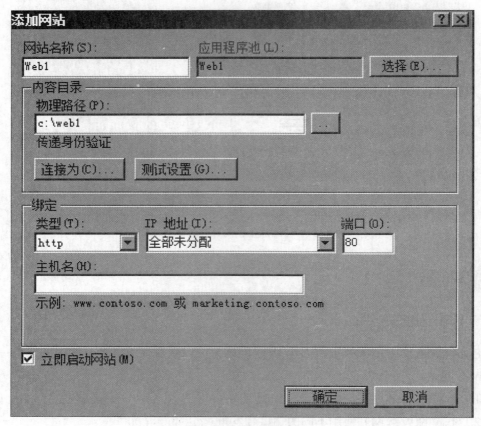

图 3-3-8　添加网站 Web1

STEP 2：选中"Internet 信息服务（IIS）管理器"窗口左栏"网站"节点下的"Web1"网站，双击窗口中栏功能视图中的"默认文档"功能项，检查 Web1 网站的主页 index.html 是否在"默认文档"的文件名列表中，若不在则自行选择窗口右栏的"操作"→"添加"命令进行添加，若在则选中该文件名"index.html"，选择窗口右栏的"操作"→"向上"命令将其上移至顶部，如图 3-3-9 所示。

说明："默认文档"功能指定当客户端未请求特定文件名时返回的默认文件。简单来说，用户输入网址（如：http://192.168.1.10）访问网站，没有给出访问的文件名，Web 服务器将自动使用"默认文档"文件名列表中的文件名依次尝试访问，如果网站的主页文件名在该列表中，就能够正常访问，否则将出现访问出错提示。因此，为了节省占用的时间，应该将网站主页的文件名设置在"默认文档"文件名列表的最顶端位置（第 1 个）。

图 3-3-9 默认文档设置

STEP 3：打开 IE 浏览器，在地址栏中输入"http://192.168.1.10"，进行网站测试，测试结果如图 3-3-10 所示。

图 3-3-10 测试 Web1 网站

2）使用端口号发布网站

使用 IP 地址发布网站时，两个网站不能设置相同的 IP 地址和相同的端口号，否则造成"重复绑定"（绑定冲突），后面发布的网站将处于"停止"状态，不能正常提供对外服务。因此，可以采用改变不同的端口号发布网站。

准备工作：创建 1 个网站，可按以下命令进行创建。

```
C:\Users\Administrator>mkdir  \web2

C:\Users\Administrator>echo  test  web2 >\web2\index.html
```

具体操作步骤如下。

STEP 1：在"Internet 信息服务（IIS）管理器"窗口中用鼠标右键单击窗口左栏的"网站"节点，在快捷菜单中选择"添加网站"命令，出现"添加网站"对话框，如图 3-3-11 所示，输入相应内容，单击"确定"按钮即可。

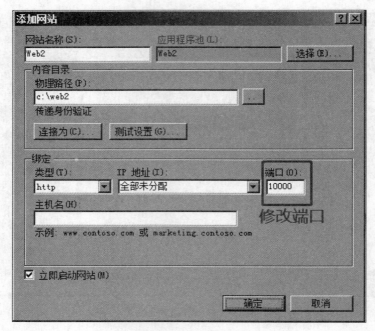

图 3-3-11　添加网站 Web2

STEP 2：选中"Internet 信息服务（IIS）管理器"窗口左栏"网站"节点下的"Web2"网站，双击窗口中栏功能视图中的"默认文档"功能项，选中文件名"index.html"，通过窗口右栏的"操作"→"向上"命令将其上移至顶部。

STEP 3：打开 IE 浏览器，在地址栏中输入"http://192.168.1.10:10000"，进行网站测试，测试结果如图 3-3-12 所示。

图 3-3-12　测试 Web2 网站

3）使用域名发布网站

Web 服务器不仅可以使用 IP 地址发布网站，还可以使用域名发布网站，在实际应用中一般使用域名发布网站。值得注意的是，网站的域名必须在相关部门进行申请，申请通过后方可正常使用。

准备工作如下。

（1）创建 1 个网站，可按以下命令进行创建。

```
C:\Users\Administrator>mkdir  \web3
C:\Users\Administrator>echo  test  web3 >\web3\index.html
```

（2）在 DNS 服务器中创建 sun.com 正向查找区域，添加主机记录 www，如图 3-3-13 所示。

图 3-3-13　DNS 域名解析

具体操作步骤如下。

STEP 1：在"Internet 信息服务（IIS）管理器"窗口中用鼠标右键单击窗口左栏的 "网站"节点，在快捷菜单中选择"添加网站"命令，出现"添加网站"对话框，如图 3-3-14 所示，输入相应内容，单击"确定"按钮即可。

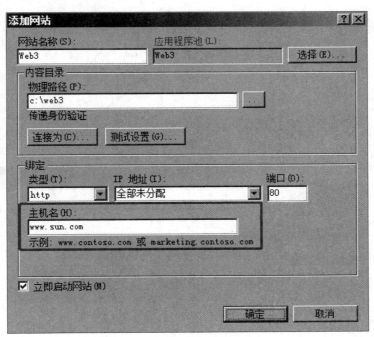

图 3-3-14　添加网站 Web3

STEP 2：选中窗口左栏"网站"节点下的"Web3"网站，双击窗口中栏功能视图中的"默认文档"功能项，选中文件名"index.html"，通过窗口右栏的"操作"→"向上"

命令将其上移至顶部。

STEP 3：打开 IE 浏览器，在地址栏中输入"http://www.sun.com"，进行网站测试，测试结果如图 3-3-15 所示。

图 3-3-15　测试 Web3 网站

4）使用虚拟目录发布网站

虚拟目录是一个网站上的对一个本地计算机或者远程计算机上一个物理目录路径的映射名称。虚拟目录可以简单地理解为某个文件夹（目录）的快捷方式。具体实例应用：新浪网是一个大型门户网站，它由若干中小型网站组成，新浪网的新闻中心（国内和国际新闻）就是使用虚拟目录发布在 news.sina.com.cn 上的，如图 3-3-16 所示。

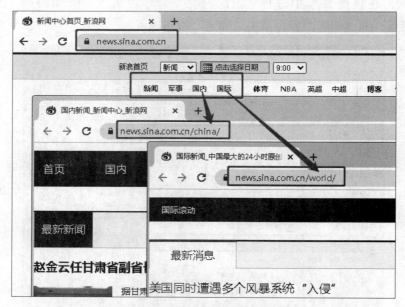

图 3-3-16　虚拟目录应用实例

准备工作：创建一个网站 SubWeb，可按以下命令进行创建。

```
C:\Users\Administrator>mkdir  \subweb
C:\Users\Administrator>echo  test  SubWeb! >\subweb\index.html
```
具体操作步骤如下。

STEP 1：在"Internet 信息服务（IIS）管理器"窗口中选中"Web3"网站并单击鼠

标右键，在快捷菜单中选择"添加虚拟目录"命令，出现"添加虚拟目录"对话框，如图 3-3-17 所示，输入相应内容，单击"确定"按钮即可。

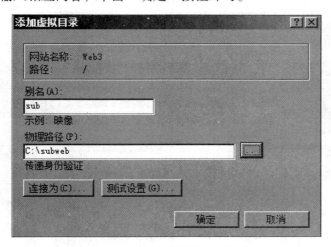

图 3-3-17 "添加虚拟目录"对话框

STEP 2：打开 IE 浏览器，在地址栏中输入"http://www.sun.com/sub"，进行网站测试，测试结果如图 3-3-18 所示。

图 3-3-18 测试 SubWeb 网站

5）网站管理

Web 网站发布后，可以通过 Internet 信息服务（IIS）管理器进行重复修改，直到符合用户需求为止，如图 3-3-19 所示。

窗口左栏"连接"→"网站"：显示已创建的网站名称。

窗口中栏"功能视图"：显示网站的功能设置。常用的功能设置有默认文档、日志等。

窗口中栏"内容视图"：显示网站内容。

窗口右栏"操作"→"编辑网站"：

（1）绑定：修改主机名、IP 地址、端口号设置；

（2）基本设置：修改网站的物理路径。

窗口右栏"管理网站"：

（1）启动、重新启动、停止：设置网站运行状态；

（2）浏览网站：提供直接访问网站的入口；

（3）高级设置：提供网站高级设置选项；

（4）配置（限制）：提供连接限制和使用带宽限制设置选项。

图 3-3-19 "Internet 信息服务（IIS）管理器"窗口

2. FTP 服务器部署

FTP 站点按用户是否隔离分为用户不隔离和用户隔离两种 FTP。所谓用户不隔离，就是所有用户共用同一个主目录；用户隔离则是每个用户都有自己的主目录，用户之间是相互隔离的，不能互相访问，用户隔离的 FTP 站点能够使用户具有私密性。

1）创建用户不隔离的 FTP 站点

假设要创建一个用户不隔离的 FTP 站点，站点名称为 sun_ftp，主目录物理路径为 C:\sun_ftp，要求匿名用户只能下载，不能上传，身份验证用户可以下载和上传（测试用户 ftp1，密码为 pass.123），FTP 服务器 IP 地址为 192.168.1.10/24。

准备工作如下。

打开命令提示符窗口，输入以下命令创建 FTP 主目录、访问文件和测试用户。

```
C:\Users\Administrator>cd \

C:\>mkdir  \sun_ftp

C:\>echo  test sun_ftp  >\sun_ftp\sun_ftp.txt

C:\>net  user  ftp1  pass.123  /add
```

创建用户不隔离的 FTP 站点的具体操作步骤如下。

STEP 1：在"Internet 信息服务（IIS）管理器"窗口中用鼠标右键单击窗口左栏的"网站"节点，在快捷菜单中选择"添加 FTP 站点"命令，出现"添加 FTP 站点"对话框，如图 3-3-20 所示，输入相应内容，单击"下一步"按钮。

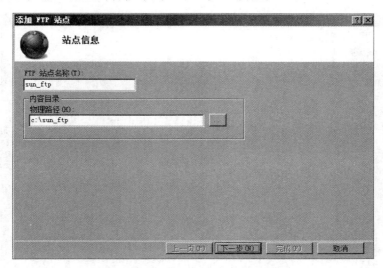

图 3-3-20 "添加 FTP 站点"对话框（1）

STEP 2：出现"绑定和 SSL 设置"界面，如图 3-3-21 所示，将 SSL 设置为"无"，其他默认，单击"下一步"按钮。说明：SSL 设置是指 FTP 服务器是否使用证书进行加密，设置为"无"表示不使用证书进行加密，也就是 FTP 服务器与客户端间使用明文通信，不具有安全性；设置为"允许"表示允许使用证书进行加密，但也可以不使用证书进行加密；设置为"需要"表示一定要使用证书进行加密，否则将不能正常访问 FTP 服务器，访问安全性能够得到保证。

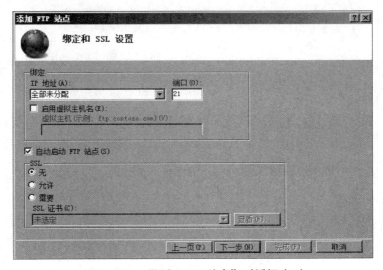

图 3-3-21 "添加 FTP 站点"对话框（2）

STEP 3：出现"身份验证和授权信息"界面，在"身份验证"区域勾选"匿名"和"基本"复选框，在"授权"区域的"允许访问"下拉列表中选择"所有用户"选项，在"权限"区域勾选"读取"（能够下载）和"写入"（能够上传）复选框，如图 3-3-22 所示，单击"完成"按钮。

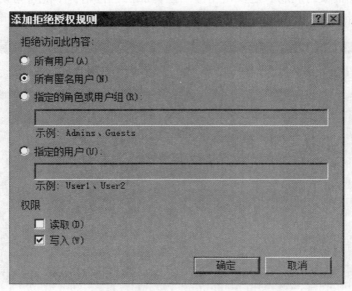

图 3-3-22 "添加 FTP 站点"对话框（3）

STEP 4：返回"Internet 信息服务（IIS）管理器"窗口，选中"sun_ftp"站点，在功能视图中双击"FTP 授权规则"图标，在窗口右栏选择"添加拒绝授权规则"命令，出现"添加拒绝授权规则"对话框，按图 3-3-23 所示进行设置，然后单击"确定"按钮即可。

图 3-3-23 "添加拒绝授权规则"对话框

STEP 5: 测试 FTP 服务器，匿名用户和用户 ftp1 测试如图 3-3-24、图 3-3-25 所示。

图 3-3-24　匿名用户测试

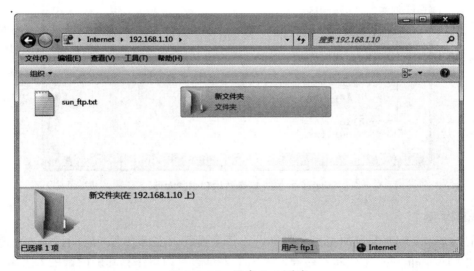

图 3-3-25　用户 ftp1 测试

2）创建用户隔离的 FTP 站点

假设要创建一个用户隔离的 FTP 站点，站点名称为 geli_ftp，主目录物理路径为 C:\geli_ftp，端口号为 21000，要求匿名用户只能下载，不能上传，身份验证用户可以下载和上传（测试用户 ftp1、ftp2，密码为 pass.123），FTP 服务器 IP 地址为 192.168.1.10/24。

准备工作。

打开命令提示符窗口，输入以下命令测试用户、创建 FTP 主目录和访问文件。

①创建测试用户 ftp2。

```
C:\>net  user  ftp2  pass.123  /add
```

②创建用户隔离的 FTP 站点的目录结构。

```
C:\>mkdir  \geli_ftp
C:\>mkdir  \geli_ftp\localuser          (说明：隔离用户的过渡目录)
C:\>mkdir  \geli_ftp\localuser\public   (说明：匿名用户访问的主目录)
C:\>mkdir  \geli_ftp\localuser\ftp1     (说明：用户 ftp1 访问的主目录)
C:\>mkdir  \geli_ftp\localuser\ftp2     (说明：用户 ftp2 访问的主目录)
```

③创建用户隔离的 FTP 站点的测试文件。

```
C:\>echo pub > \geli_ftp\localuser\public\pub.txt
C:\>echo ftp1 > \geli_ftp\localuser\ftp1\ftp1.txt
C:\>echo ftp2 > \geli_ftp\localuser\ftp2\ftp2.txt
```

④创建用户隔离的 FTP 站点目录结构和测试文件完毕后，结果如图 3-3-26 所示。

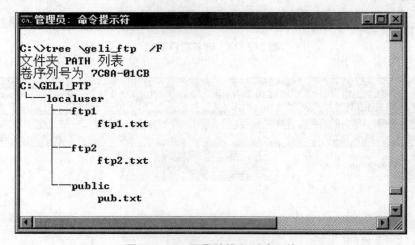

图 3-3-26　目录结构和测试文件

【知识扩展】

用户隔离的 FTP 站点的主目录名称可以任意设置，主目录下一层的目录（过渡目录）名称一定为 localuser，不能拼写错误，否则不管是匿名用户还是基本用户均不能访问 FTP 服务器。过渡目录的下一层目录分为两种，一是给定匿名用户访问的目录，该目录名称为 public，也不能拼写错误，否则匿名用户将不能访问 FTP 服务器；二是基本用户访问的目录，该目录名称为基本用户的用户名，如基本用户为 abc，则该目录的名称也为 abc。值得注意的是，需要访问 FTP 服务器的基本用户一定要创建对应的"同名"主目录，否则将无法正常访问 FTP 服务器。

创建用户隔离的 FTP 站点的操作步骤如下。

STEP 1：在"Internet 信息服务（IIS）管理器"窗口中用鼠标右键单击窗口左栏的"网站"节点，在快捷菜单中选择"添加 FTP 站点"命令，出现"添加 FTP 站点"对话框，如图 3-3-27 所示，输入相应内容，单击"下一步"按钮。

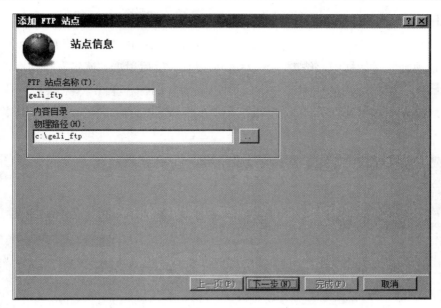

图 3-3-27 "添加 FTP 站点"对话框（4）

STEP 2：出现"绑定和 SSL 设置"界面，端口为 21 000，如图 3-3-28 所示，将 SSL 设置为"无"，其他设置为默认，单击"下一步"按钮。

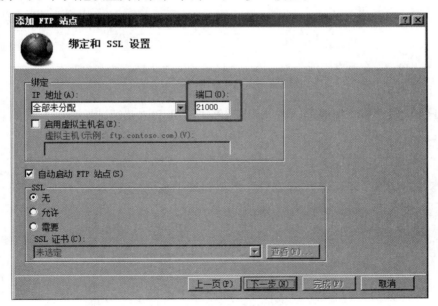

图 3-3-28 "添加 FTP 站点"对话框（5）

STEP 3：出现"身份验证和授权信息"界面，在"身份验证"区域勾选"匿名"和 "基本"复选框，在"授权"区域的"允许访问"下拉列表中选择"所有用户"选项，在 "权限"区域勾选"读取"（能够下载）和"写入"（能够上传）复选框，如图 3-3-22 所示， 单击"完成"按钮。

STEP 4：返回"Internet 信息服务（IIS）管理器"窗口，选中"sun_ftp"站点，在功能视图中双击"FTP 授权规则"图标，在窗口右栏"添加拒绝授权规则"命令，在"添加拒绝授权规则"对话框中，按图 3-3-23 所示设置，然后单击"确定"按钮即可。

STEP 5：在功能视图中双击"FTP 用户隔离"图标，单击"隔离用户"→"用户名目录（禁用全局虚拟目录）"单选按钮，并单击窗口右栏的"应用"按钮，如图 3-3-29 所示。

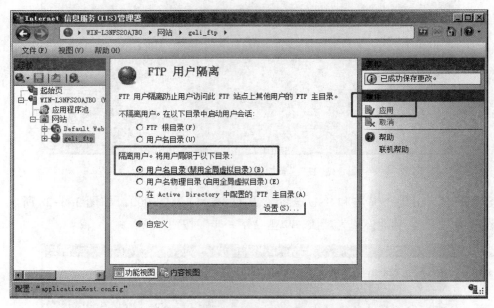

图 3-3-29　FTP 用户隔离设置

STEP 6：测试 FTP 服务器，匿名用户、用户 ftp1 和 ftp2 测试如图 3-3-30 ～图 3-3-32 所示。

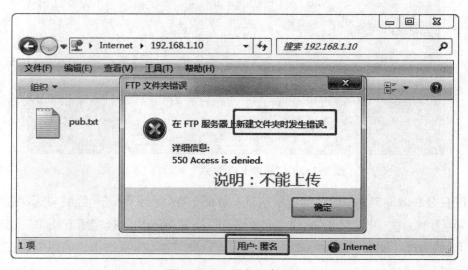

图 3-3-30　匿名用户测试

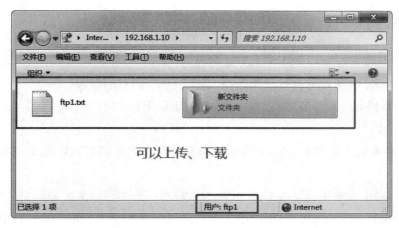

图 3-3-31　用户 ftp1 测试

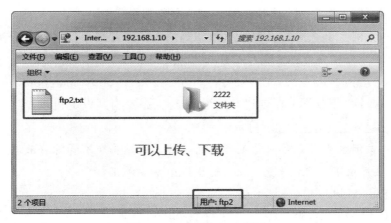

图 3-3-32　用户 ftp2 测试

进行 FTP 服务器测试后，"geli_ftp" 站点的主目录内容发生图 3-3-33 所示的变化。说明：用户 ftp1 和 ftp2 之间是相互隔离的，从而保证了用户的私密性。

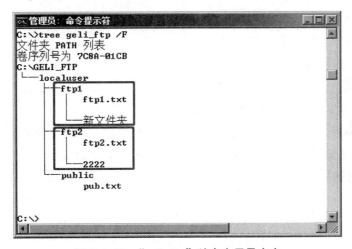

图 3-3-33　"geli_ftp" 站点主目录内容

典型案例

【案例 3-3-1】（单选题）Web 服务器使用（　　）进行信息传送。

　A．HTML 协议　　　　　　　　　　B．TELNET 协议

　C．FTP　　　　　　　　　　　　　D．HTTP

【解析】本案例主要考查 Web 服务器的通信协议，它使用 HTTP 进行信息传送。

【答案】D

【案例 3-3-2】（单选题）每个 Web 站点必须有一个主目录来发布信息，IIS 默认的主目录为 "\Inetpub\wwwroot"，除了主目录以外还可以采用（　　）作为发布目录。

　A．虚拟目录　　　　　　　　　　B．副目录

　C．子目录　　　　　　　　　　　D．备份目录

【解析】本案例主要考查对虚拟目录的理解情况，一般虚拟目录作为子网站发布的手段，既方便管理，又可节约使用域名或 IP 地址的成本。

【答案】A

【案例 3-3-3】（填空题）在创建 Web 网站时，需要为其设定目录，默认网站中的所有资源都存放在_____目录中。

【解析】本案例主要考查对网站主目录的理解。网站将所有资源存放在主目录中，主页一般存放在主目录下，文件名为 index 或 default 加扩展名。

【答案】主。

【案例 3-3-4】（填空题）FTP 服务器的 TCP 端口号是_____。

【解析】本案例主要考查 FTP 服务器默认使用的 TCP 端口号。

【答案】21

【案例 3-3-5】（填空题）FTP 是 File TransferProtocol 的英文简称，其中文名称为_____。

【解析】本案例主要考查 FTP 的中文名称。

【答案】文件传输协议

【案例 3-3-6】（填空题）使用 FTP 时，FTP 服务器和客户端会先建立控制连接，再建立_____，然后开始传输数据。

【解析】本案例主要考查 FTP 服务器的基本工作原理，FTP 客户端向 FTP 服务器发起 FTP 请求，先建立控制连接，再建立数据连接，然后开始传输数据。

【答案】数据连接

知识测评

一、选择题

1.Web 服务的默认 TCP 端口号是（　　）。

A．20　　　　　　　　　　　　B．41

C．21　　　　　　　　　　　　D．80

2．要查看某个 Web 网站的信息，需要在计算机上使用的软件是（　　）。

A．写字板　　　　　　　　　　B．浏览器

C．记事本　　　　　　　　　　D．计算器

3．（　　）指定当客户端未请求特定文件名时返回的默认文件。

A．日志　　　　　　　　　　　B．默认文档

C．主页文件　　　　　　　　　D．默认主页

4．匿名访问 FTP 服务器使用的账户名是（　　）。

A．本地计算机名　　　　　　　B．本地用户

C．guest　　　　　　　　　　　D．anonymous

5．如果文件"sun.txt"存储在一个名为"ftp.sun.com"的 FTP 服务器上，那么，下载该文件所用的 URL 为（　　）。

A．http://ftp.sun.com/ sun.txt　　　　B．telnet://ftp.sun.com/ sun.txt

C．rtsp://ftp.sun.com/ sun.txt　　　　D．ftp://ftp.sun.com/ sun.txt

二、填空题

1．在一台计算机上建立多个 Web 站点的方法有：利用多个＿＿＿＿＿＿＿＿、利用多个 TCP 端口和利用多个主机名。

2．要将默认网站设置为已停止状态，可选中默认网站并单击鼠标右键，在快捷菜单中选择"管理网站"→"＿＿＿＿＿＿"选项。

3．要修改某个已经正常用发布的网站的端口号，可选中该网站，在"Internet 信息服务（IIS）管理器"窗口右栏选择"编辑网站"→"＿＿＿＿＿＿"命令。

4．从 FTP 服务器复制文件到本地计算机的操作称为＿＿＿＿＿＿＿＿。

5．某 FTP 服务器的域名为 ftp.sun.com，端口使用默认端口，现在若要用 IE 浏览器从该 FTP 服务器下载文件，则需要在浏览器地址栏中输入＿＿＿＿＿＿＿来访问该站点。

三、判断题

1．一个 Web 服务器就是一个文件服务器。　　　　　　　　　　　　　　（　　）

2．FTP 客户端访问 FTP 服务器时建立控制连接，在传输数据时两者必须先建立数据连接，才可以数据传输。　　　　　　　　　　　　　　　　　　　　　　（　　）

3．小李从网上邻居下载文件使用的是 FTP。　　　　　　　　　　　　　（　　）

4．当 FTP 服务器工作在主动模式下时，不会因为 FTP 客户端存在防火墙而无法正常传输数据。　　　　　　　　　　　　　　　　　　　　　　　　　　　　（　　）

5．文件传输使用 FTP，远程登录使用 Telnet 协议。　　　　　　　　　　　　（　　）

四、简答题

某网站使用域名方式发布，客户端不能正常访问，假设网站是正常的，服务器与客户端也能够正常通信。请简要描述可能的故障原因（至少写出两条故障原因）。

五、操作题

在 Windows Server 2008 R2 虚拟机上安装 FTP 服务器。要求创建一个 FTP 站点，站点名称为 jjzx，站点主目录物理路径为 C:\jjzx，要求只允许用户 ftp1（密码：pass.123）上传和下载，请截取"jjzx"站点高级设置对话框、身份验证、授权规则窗口和 ftp 测试窗口。

3.4　单元测试

一、选择题

1. Web 服务器使用哪个协议为客户提供 Web 浏览服务？（　　）

A．SMTP　　　　　　　　　　B．HTTP

C．NNTP　　　　　　　　　　D．FTP

2. DNS 的作用是（　　）。

A．将端口翻译成 IP 地址

B．将域名翻译成 IP 地址

C．将 IP 地址翻译成 MAC 地址

D．将 MAC 地址翻译成 IP 地址

3. 提供 FTP 服务的默认 TCP 端口号是（　　）。

A．21　　　　　　　　　　　　B．25

C．23　　　　　　　　　　　　D．80

4. 某服装设计部门需要配置一台服务器来管理部门的网上办公平台（OA）及 FTP 服务器，该部门没有专门配置系统管理员，因此建议该部门在服务器上安装（　　）操作系统。

A．Windows 7　　　　　　　　B．Windows Server 2008 R2

C．UNIX　　　　　　　　　　D．Linux

5. Internet 上的域名系统 DNS（　　）。

A．可以实现域名之间的转换

B．只能实现域名到 IP 地址的转换

C．只能实现 IP 地址到域名的转换

D．可以实现域名与 IP 地址的相互转换

6. 以下命令中可以显示 DNS 解析程序缓存内容的是（　　）。

A．ipconfig/ release　　　　　　B．ipconfig/ renew

C．ipconfig /displaydns　　　　D．ipconfig/ flushdns

7. 在 Web 服务器系统中，编制的 Web 页面应符合（　　）。

A．MIME 规范　　　　　　　　B．HTML 规范

C．HTTP 规范　　　　　　　　D．802 规范

二、填空题

1. FTP 使用主动模式建立数据连接时，服务器端使用的端口号是＿＿＿＿＿＿＿＿＿＿。

2．Web 页面是一种结构化的文档，它采用的主要语言是＿＿＿＿＿＿＿＿。

3．FTP 的含义是＿＿＿＿＿＿＿＿。

4．如果在 DHCP 客户端手工释放 IP 地址，在调出的命令提示符窗口下应该输入＿＿＿
＿＿＿＿＿。

5．如果在 DHCP 客户端手工向服务器提出刷新请求，请求租用一个 IP 地址，则在调出的命令提示符窗口下应该输入＿＿＿＿＿＿＿＿。

三、判断题

1．基于 VMware Workstation，可以在同一服务器上同时运行多台虚拟机。　　　　（　　）

2．Web 服务器站点的默认 TCP 端口号是 8080。　　　　（　　）

3．一台 Web 服务器可以同时启用多个 Web 站点服务。　　　　（　　）

4．安装 DHCP 服务器需要先手动设置服务器 IP 地址。　　　　（　　）

5．DNS 是一种树形结构的域名空间。　　　　（　　）

6．DNS 解析域名时是按从前往后的顺序依次解析的。　　　　（　　）

7．ping 命令的功能是查看 DNS、IP 地址、MAC 地址等信息。　　　　（　　）

8．用户上网一定需要用到 DNS 服务。　　　　（　　）

9．DHCP 服务可以自动分配 IP 地址、网关地址等，但并不能提升 IP 地址的使用率。
　　　　（　　）

10．浏览器与 Web 服务器之间使用的协议是 SNMP。　　　　（　　）

四、简答题

请简述用 2 种不同方法发布网站的简要操作步骤。

五、操作题

请参考图 3-4-1 所示的拓扑结构，完成以下设置要求。

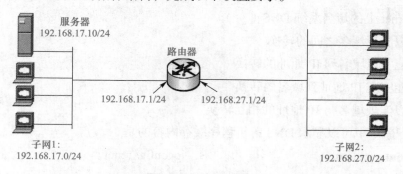

图 3-4-1　拓扑结构

（1）在 Win2008 虚拟机上，按照图 3-4-1 中所标注的 IP 地址完成以下网络参数设置：IP 地址、子网掩码、默认网关。DNS 服务器 IP 地址为 202.101.0.1。设置完成后，打开系统中的命令提示符窗口，通过相应的命令查看设置结果；截取包含命令和命令运行整体结果的窗口。

参考截图如图 3-4-2 所示。

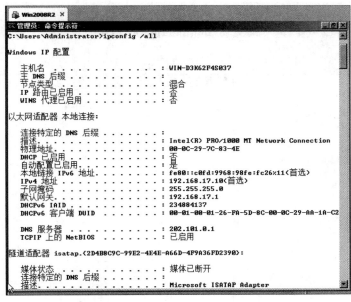

图 3-4-2　参考截图（1）

（2）在虚拟机上，安装 DHCP 服务器。创建两个作用域，作用域名称为 net1 和 net2，分别用于给子网 1 和子网 2 的 DHCP 客户端分配 IP 地址、子网掩码、默认网关及 DNS 服务器 IP 地址，其中 DNS 服务器 IP 地址为 202.101.0.1，作用域的 IP 地址范围为所在网络的全部 IP 地址，其他参数参照图 3-4-1 进行设置。设置完成后，分别截取两个作用域下能显示 IP 地址池和作用域选项完整信息的窗口。

参考截图如图 3-4-3 ～图 3-4-6 所示。

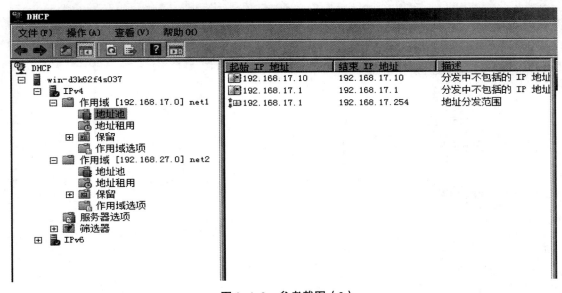

图 3-4-3　参考截图（2）

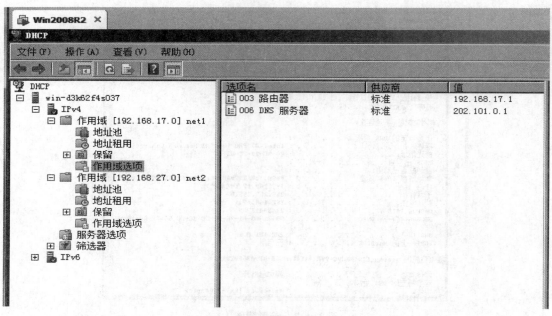

图 3-4-4 参考截图（3）

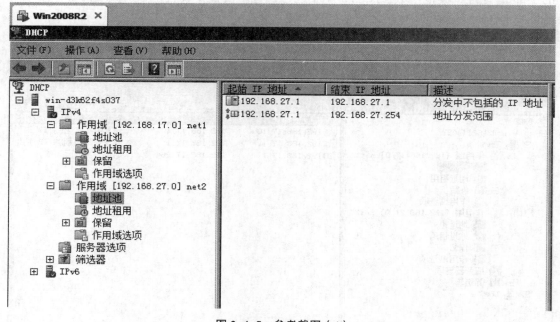

图 3-4-5 参考截图（4）

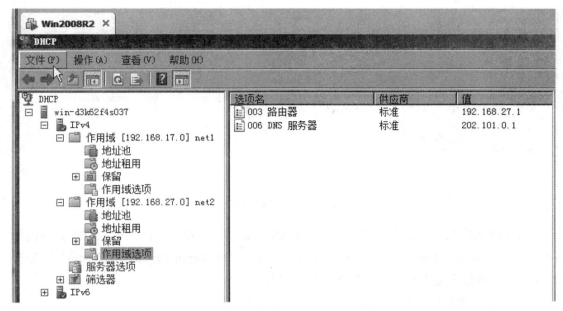

图 3-4-6　参考截图（5）

（3）在虚拟机上安装 DNS 服务器。在该 DNS 服务器上为本机注册两个域名地址：www.test2020.com、ftp.test2020.com。要求其中第一个为主机记录，第二个为别名记录，同时创建反向查找区域，为本机创建一个反向指针记录。截取正向查找区域下能显示这两条记录的窗口和反向查找区域下能显示反向指针记录的窗口。

参考截图如图 3-4-7、图 3-4-8 所示。

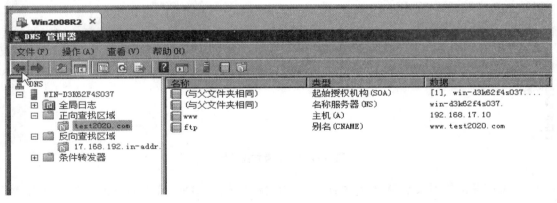

图 3-4-7　参考截图（6）

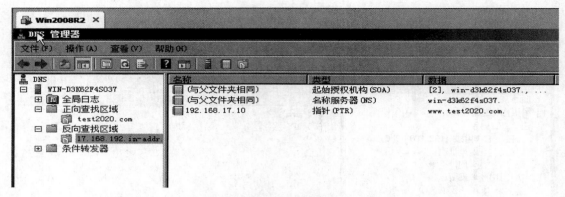

图 3-4-8　参考截图（7）

（4）在虚拟机上，配置其作为本机的 DNS 服务器的客户端。打开系统中的命令提示符窗口，使用 nslookup 命令测试两个域名（www.test2020.com、ftp.test2020.com）的解析结果，并截取包含命令和命令运行整体结果的窗口。

参考截图如图 3-4-9 所示。

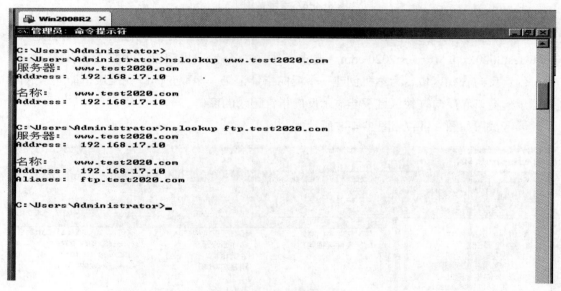

图 3-4-9　参考截图（8）

（5）在虚拟机上安装 Web 服务器，更改已安装好的"Default Web Site"站点的 IP 地址为 192.168.17.10，端口号为 1028，设置完成后，用鼠标右键单击"Default Web Site"站点，选择"管理网站"→"高级设置"选项，截取"高级设置"窗口；打开浏览器，连接所设置的 Web 站点，截取连接完成后的浏览器窗口。

参考截图如图 3-4-10、图 3-4-11 所示。

图 3-4-10 参考截图（9）

图 3-4-11 参考截图（10）

参考文献

［1］段标，陈华. 计算机网络基础（第 6 版）［M］. 北京：电子工业出版社，2021.

［2］谢希仁. 计算机网络（第 7 版）［M］. 北京：电子工业出版社，2021.

［3］连丹. 信息技术导论［M］. 北京：清华大学出版社，2021.

［4］刘丽双，叶文涛. 计算机网络技术复习指导［M］. 镇江：江苏大学出版社，2020.

［5］宋一兵. 计算机网络基础与应用（第 3 版）［M］. 北京：人民邮电出版社，2019.

［6］陈国升. 计算机网络技术单元过关测验与综合模拟［M］. 北京：电子工业出版社，2019.

［7］戴有炜. Windows Server 2016 网络管理与架站［M］. 北京：清华大学出版社，2018.

［8］王协瑞. 计算机网络技术（第 4 版）［M］. 北京：高等教育出版社，2018.

［9］周舸. 计算机网络技术基础（第 5 版）［M］. 北京：人民邮电出版社，2018.

［10］张中荃. 接入网技术［M］. 北京：人民邮电出版社，2017.

［11］吴功宜. 计算机网络（第 4 版）［M］. 北京：清华大学出版社，2017.

［12］刘佩贤，张玉英. 计算机网络［M］. 北京：人民邮电出版社，2015.